"十二五"普通高等教育本科国家级规划教材配套教材

大学计算机与人工智能实践教程

（第6版）

主　编　蒋加伏　王　晨　齐惠颖
副主编　李晓玲　李　华　王晓锋

北京邮电大学出版社
·北京·

内容简介

本书作为“十二五”普通高等教育本科国家级规划教材《大学计算机与人工智能》(第6版)(AI版)的配套实验教材，是一本覆盖了计算机基础与人工智能前沿技术的实践指南，旨在通过一系列实验项目提升读者的计算机技能水平。

本书分为七章，主要内容包括硬件基础实验、操作系统实验、WPS文字处理实验、WPS电子表格实验、WPS演示文稿实验、体验人工智能以及综合应用能力训练。通过本书的学习，读者将能够掌握计算机硬件、操作系统、办公软件及人工智能的基础应用，为未来的学习和工作奠定基础。

本书中的案例均附有详尽的操作指南以及相应的拓展任务，引导读者在模仿学习的基础上，勇于尝试新的应用方向，探索AI技术的无限可能。本书可用于辅助教师进行实践教学，也可以用于非计算机专业学生自学。

图书在版编目(CIP)数据

大学计算机与人工智能实践教程/蒋加伏，王晨，齐惠颖主编．--6版．--北京：北京邮电大学出版社，2025.(2025重印).--ISBN 978-7-5635-7526-8

Ⅰ. TP3；TP18

中国国家版本馆CIP数据核字第2025XN5173号

策划编辑：韩 霞　**责任编辑**：韩 霞　**封面设计**：广信达雅

出版发行：北京邮电大学出版社
社　　址：北京市海淀区西土城路10号(100876)
电话传真：010-82333010　62282185(发行部)　010-82333009　62283578(传真)
网　　址：www.buptpress3.com
电子信箱：buptpress3@163.com
经　　销：各地新华书店
印　　刷：三河市骏杰印刷有限公司
开　　本：787 mm×1 092 mm　1/16
印　　张：10.5
字　　数：256千字
版　　次：2003年8月第1版　2025年4月第6版
印　　次：2025年7月第2次印刷

ISBN 978-7-5635-7526-8　　定价：39.80元

如有质量问题请与发行部联系

前 言

党的二十大报告提出“深入实施科教兴国战略、人才强国战略、创新驱动发展战略”。随着人工智能技术的快速发展，其对社会各领域的渗透与影响日益加深，对人才的需求也呈现出多元化、高技能化的趋势。为顺应这一趋势，编者编写了《大学计算机与人工智能实践教程》(第 6 版)一书，作为《大学计算机与人工智能》(第 6 版)(AI 版)的配套实验教材，旨在通过实践操作，加深读者对计算机及人工智能知识的理解与掌握。

本书从硬件基础出发，逐步深入到操作系统、办公软件及人工智能初步体验，每一章都设计了丰富的实验项目，使读者能够通过实践巩固理论知识，掌握计算机及人工智能的相关知识和技能，培养其综合应用能力。

本书具有以下特点。

1. 实用性：本书的实验项目设计结合实际应用场景，使读者能够学以致用。

2. 层次性：实验项目及拓展任务难度层次分明，既适合初学者入门，又便于有一定基础的读者进阶提升。

3. 创新性：在实验和拓展任务的完成过程中，引导读者进行探索性尝试，通过操作提升其实践技能水平。

本书由蒋加伏、王晨、齐惠颖任主编，由李晓玲、李华、王晓锋任副主编，由王浏、张雪娇任编写秘书。具体编写分工如下。

第 1 章由李华编写，主要内容包括计算机启动过程、计算机主要部件、计算机主机组装、计算机外部设备安装等。

第 2 章由王晓锋编写，主要内容包括文件和文件夹、系统桌面管理、应用软件安装、应用软件卸载、创建和管理账户、清理垃圾文件等。

第 3 章由王晓锋编写，主要内容包括文本输入和编辑、设置文档密码、文档版面编排、制作课程表、制作统计表、制作手抄报等。

第 4 章由李晓玲编写，主要内容包括创建和编辑电子表格、制作图表、数据排序和筛选、数据分类统计等。

第 5 章由李晓玲编写，主要内容包括制作演示文稿、设置图片动画、设置文字动画、设置超链接、设置背景音乐和放映方式等。

第 6 章由王晨、齐惠颖编写，主要内容包括 AI 对话——语音识别、AI 妙笔——文本生成、AI 智算——数据处理、AI 演示——幻灯片制作、AI 绘画——图像生成、AI 分身——数字人生成等。

第7章由李华编写，主要内容包括 Windows 文件管理、WPS 图文混排、WPS 表格处理、WPS 数据处理、WPS 演示文稿制作等。

全书由蒋加伏、王晨统稿，王晨、齐惠颖、王浏、张雪娇共同审稿并定稿。此外，苏文章、杨玉梅构思并设计了全套书在线课程教学资源的结构与配置，赵梅、张展华编辑了教学资源的内容，范如婷、邓凡、马双武审查了全书配套的在线课程教学资源，李敏提供了版式和装帧设计方案。

在此特别感谢北京邮电大学出版社为大学计算机与人工智能相关的课程教材建设所提供的大力支持。

由于编者水平有限，书中难免存在疏漏和不妥之处，且随着技术的发展和进步，书中细节也可能需要随软件的更新而调整，恳请广大读者批评指正。

编　者

目录

CONTENTS

第 1 章 硬件基础实验

实验 1-1 计算机启动过程

1. 实验目的与要求

①理解计算机启动的基本流程：通过实验观察，理解从按下电源按钮到操作系统完全加载并运行的全过程。

②识别启动过程中的关键组件：识别 BIOS(基本输入输出系统)、硬盘、内存、CPU(中央处理器)等关键组件在启动过程中的作用。

③分析启动失败的可能原因：基于实验观察，分析可能导致计算机启动失败的因素，如硬件故障、软件冲突等。

2. 实验原理

计算机启动过程是一个复杂但有序的过程，大致可以分为以下几个阶段。

①加电自检(POST)：计算机接通电源后，首先进行加电自检，由 BIOS/UEFI(基本输入输出系统/统一可扩展固件接口)控制，检查 CPU、内存、显卡等关键硬件是否正常工作。

②加载启动程序：自检通过后，BIOS/UEFI 会从预设的启动设备(如硬盘、U 盘、光盘等)中加载启动程序(如 GRUB、Windows Boot Manager 等)。

③加载操作系统：启动程序负责加载并启动操作系统，操作系统随后初始化硬件设备，加载必要的驱动程序和服务。

④进入用户登录界面：操作系统启动完成后，显示用户登录界面，等待用户输入凭证信息进行登录。

3. 实验材料

①一台可正常工作的计算机。

②必要的电源线和数据线。

③螺丝刀(用于打开机箱，非必需，视需求而定)。

④可能的启动介质(如 U 盘、光盘，用于观察不同启动介质下的启动过程)。

4. 注意事项

①安全操作：在操作过程中，确保电源已关闭，并拔掉电源线，以防触电。

②细心观察：在启动过程中，注意观察屏幕上的提示信息，这些信息对于理解启动过程至关重要。

③避免干扰：尽量避免在启动过程中移动或插拔硬件设备，以免影响启动过程。

5. 实验方法与步骤

启动计算机：插上电源线，按下电源按钮，计算机进入硬件自检阶段。

1) 硬件自检阶段

(1) BIOS 初始化：在计算机通电后，主板上固化的 BIOS 开始初始化。BIOS 是基本输入输出系统的英文缩写，它负责计算机硬件的初始化和配置。

(2) 硬件自检：BIOS 执行一系列硬件自检步骤，检测计算机主要组件的完整性，包括 CPU、RAM、显卡、硬盘等。如果检测到问题，计算机会发出蜂鸣声或显示错误信息。

(3) 显示自检信息：BIOS 会显示自己的启动画面，并检测 CPU 类型和频率等信息，这些信息会显示在屏幕上供用户查看，如图 1-1 所示。

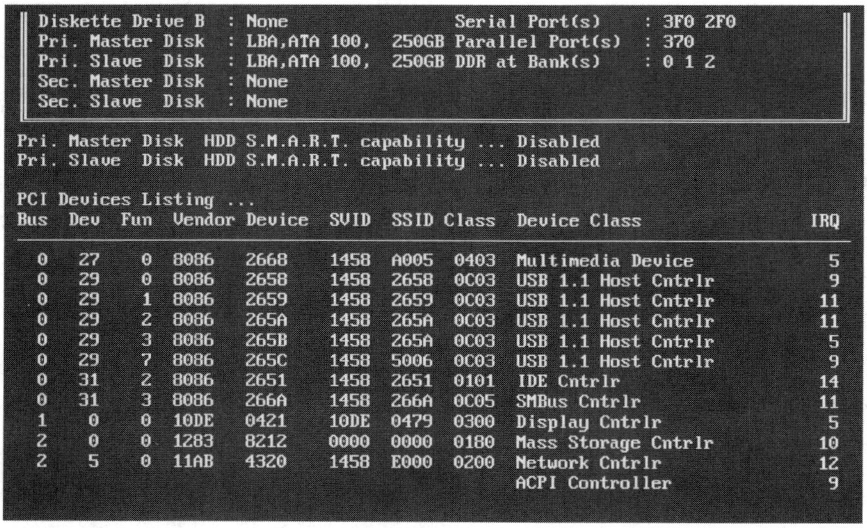

图 1-1　POST 自检信息

这个过程主要检测计算机硬件设备(如 CPU、内存、主板、显卡、CMOS 等)是否存在故障，如果有硬件故障，就按以下两种情况分别进行处理。

①对于严重故障(致命性故障)，自动停机，此时由于各种初始化操作还没完成，不能给出任何提示或信号。

②对于非严重故障，给出提示或声音报警信号，等待用户处理。

如果没有硬件故障，计算机进入引导阶段。

2) 引导阶段

①查找引导设备：BIOS 根据预设的启动顺序查找可引导的存储设备，如硬盘、光盘、

USB 驱动器等。这个顺序通常可以在 BIOS 设置界面中进行配置，如图 1-2 所示。

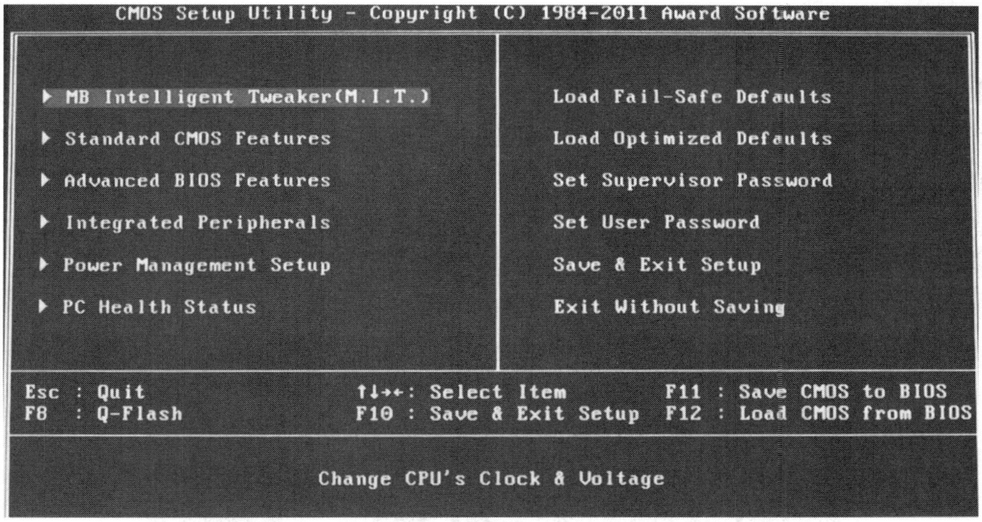

图 1-2　BIOS 设置界面

BIOS 需要知道下一阶段的启动程序具体存放在哪一个设备。也就是说，BIOS 需要有一个外部存储设备的排序，排在前面的设备就是优先转交控制权的设备。这种排序称为“启动顺序”(boot sequence)。可以在 BIOS 的操作界面中设置启动顺序，如图 1-3 所示。在设置完成之后，计算机就知道应该去读取哪个硬件设备了。

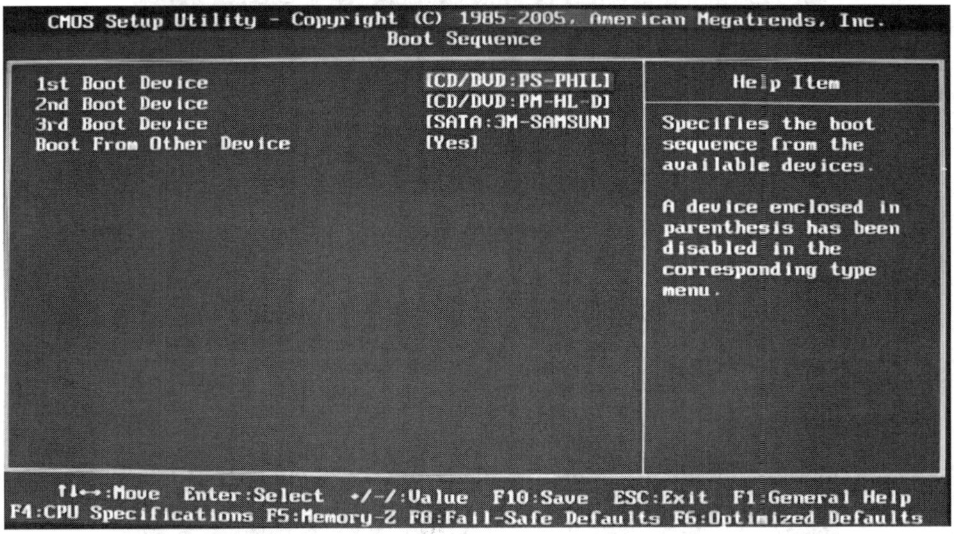

图 1-3　设置启动顺序

②读取引导扇区：一旦找到可引导设备，BIOS 会尝试读取该设备的第一个扇区，也称为“引导扇区”。引导扇区通常包含引导加载程序的信息。

③加载引导加载程序：BIOS 将引导加载程序加载到内存中，并将控制权交给它。引导

加载程序是一个小型的程序，负责查找和加载操作系统内核。

3)操作系统加载阶段

①加载操作系统内核：引导加载程序在硬盘上搜索操作系统内核的位置，并将其加载到内存中。内核是操作系统的核心部分，负责管理系统的硬件资源、内存分配、进程等。

②内核初始化：操作系统内核执行初始化过程，包括配置设备驱动程序、建立内存管理、初始化文件系统等。

③启动操作系统：内核完成初始化后，启动操作系统的核心功能，如显示登录界面、加载系统服务等。此时，用户可以登录或访问应用程序。

观察操作系统启动过程中的屏幕变化，例如 Windows 11 操作系统的启动界面如图 1-4 所示。

图 1-4　Windows 11 操作系统的启动界面

4)用户交互阶段

①进入登录界面：操作系统显示登录界面，等待用户输入用户名和密码进行登录，如图 1-5 所示。

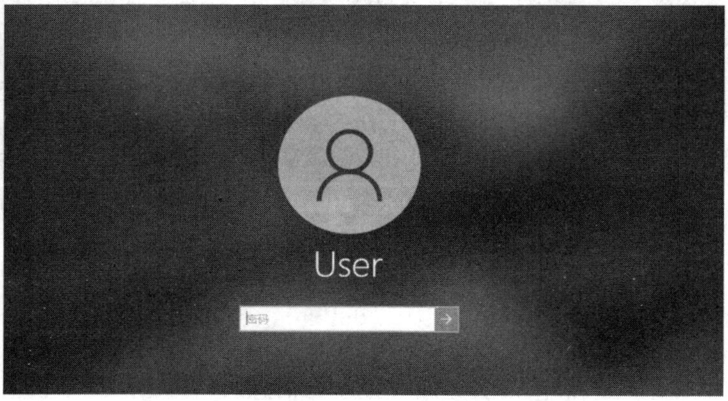

图 1-5　Windows 11 操作系统的登录界面

②启动应用程序：用户登录后，可以启动和使用各种应用程序，如浏览器、办公套件等。

6. 实验结果与分析

1)实验结果

①成功观察到从按下计算机的电源按钮到操作系统完全加载并运行的全过程。

②记录了 POST 自检信息、BIOS 界面、启动程序加载过程和操作系统启动过程的关键信息。

2)结果分析

①POST 自检是计算机启动的第一步，它确保关键硬件能正常工作，是后续启动过程顺利进行的基础。

②BIOS 在启动过程中扮演着重要角色，负责加载启动程序并控制启动顺序。

③启动程序的加载速度和稳定性直接影响操作系统的启动时间，而操作系统的启动过程则涉及硬件设备的初始化和服务的加载。

本次实验成功揭示了计算机启动过程的基本流程和关键组件的作用，为深入理解计算机硬件和软件之间的交互提供了宝贵的实践经验。

7. 扩展阅读

在计算机技术领域，启动介质是指用于加载操作系统启动文件的存储设备。当计算机的内部硬盘出现问题，或者需要安装新的操作系统时，通常需要使用外部启动介质。U 盘和光盘是两种常见的启动介质，它们具有便携和易操作的特点。本书将详细介绍使用 U 盘或光盘作为启动介质的操作步骤，帮助读者顺利完成操作系统的安装或修复工作。

1)准备工作

在使用 U 盘或光盘作为启动介质之前，需要完成以下准备工作。

①准备 U 盘或光盘：准备一个空的 U 盘(容量至少为 8 GB，以便能够存放操作系统安装文件)或一张空白的光盘(DVD 或 CD，具体取决于要安装的操作系统的安装文件的大小)。

②获取操作系统安装镜像文件：建议从官方网站或其他可信来源下载所需的操作系统安装镜像文件。这些文件通常为 ISO 格式。

③准备制作工具：对于 U 盘，可以使用 Windows 操作系统自带的创建和格式化硬盘分区工具，或者使用第三方软件如 Rufus、UNetbootin 等制作启动介质；对于光盘，需要使用刻录软件将 ISO 镜像文件刻录到光盘上。

2)制作 U 盘启动介质

使用 Windows 操作系统自带的工具制作 U 盘启动介质的步骤如下。

①插入 U 盘：将空的 U 盘插入计算机的 USB 端口。

②访问微软官网，下载对应系统的“媒体创建工具”(Media Creation Tool)，以管理员身份运行该工具，接受许可条款。

③选择“为另一台电脑创建安装介质”，设置语言、版本和架构(默认推荐设置与当前系统匹配)。

④选择“U 盘”，从列表中识别 U 盘设备，等待自动下载并写入(耗时 20~60 min)。

3)制作光盘启动介质

使用刻录软件制作光盘启动介质的步骤如下。

①插入空白光盘：将空白的光盘插入计算机的刻录光驱。

②打开刻录软件：启动软件，如 Nero、ImgBurn 等。

③选择刻录任务：在软件界面中，选择“刻录镜像到光盘”或类似的选项。

④加载镜像文件：单击“浏览”或“打开”按钮，找到并选择之前下载的操作系统安装镜像文件(ISO 格式)。

⑤开始刻录：确认设置无误后，单击“开始”或“刻录”按钮开始刻录。

请注意，刻录过程中请勿移动光盘或关闭计算机，以免造成刻录失败或数据损坏。

4)设置启动顺序并安装或修复操作系统

无论是使用 U 盘还是光盘作为启动介质，都需要在计算机的 BIOS 或 UEFI 设置中更改启动顺序，以确保计算机能够从启动介质启动。具体步骤如下。

①重启计算机并进入 BIOS 或 UEFI 的设置界面：在计算机启动时，按下相应的按键(如 F2、F10、Del 等，具体按键取决于计算机型号)，进入 BIOS 或 UEFI 设置界面。

②更改启动顺序：在 BIOS 或 UEFI 设置界面中，找到“Boot”或“启动”选项，将 U 盘或光盘设置为第一启动设备。保存并退出设置界面。

③安装或修复操作系统：计算机重启后，它会自动从制作好的启动介质启动，并进入操作系统安装界面。按照屏幕上的指示完成操作系统的安装或修复工作。

请注意，在进行任何操作系统的安装或修复操作之前，务必备份重要数据以防丢失。

实验 1-2 计算机主要部件

1. 实验目的与要求

①能够识别计算机内部的主要部件，如主板、CPU、内存、硬盘、显卡、电源等。

②理解各部件的基本功能和技术指标。

③记录并分析各部件的相互作用和连接方式。

2. 实验原理

计算机是由多个硬件部件组成的复杂系统，这些部件协同工作以实现数据处理和存储功能。主要部件包括 CPU、主板、内存、存储设备(如普通硬盘或固态硬盘)、显卡、电源供应单元(PSU)等。每个部件都有其特定的功能和技术指标，它们共同决定了计算机的性能和效率。

3. 实验材料

①一台已拆开的台式机或笔记本电脑(用于观察内部组件)。

②螺丝刀等拆卸工具。

③防静电手环(可选，用于保护硬件免受静电损害)。

④实验记录本或电子设备，用于记录观察结果。

4. 注意事项

①安全第一：在拆卸和观察计算机硬件时，务必小心谨慎，避免损坏部件或造成人身伤害。

②防静电：在拆卸过程中，身上的静电极有可能会对计算机的硬件造成损坏。建议佩戴防静电手环，以减少静电对硬件的潜在损害。装机前先洗手也可以有效防止静电。

③详细记录：仔细观察并记录每个部件的位置、连接方式和外观特征，以便后续分析和总结。

5. 实验方法与步骤

1)准备工作

确保工作区域整洁，准备好所有必要的拆卸工具和记录设备。

2)拆卸计算机

①对于台式机，先移除机箱侧面的螺丝，打开机箱盖。

②对于笔记本电脑，通常需要先移除底部的螺丝，然后小心分离底盖和机身。

3)观察并记录

①主板：观察主板的布局，识别CPU插槽、内存插槽、扩展插槽(如PCIe、SATA)等的位置，如图1-6所示。

图1-6 华硕重炮手主板

②CPU：识别 CPU 型号，如图 1-7 所示，注意其散热器和风扇的安装方式。

图 1-7　第 14 代酷睿处理器

③内存：识别内存条的型号和容量，观察其导电触片(俗称金手指)部分与主板内存插槽的连接方式，如图 1-8 所示。

图 1-8　金士顿内存条

④存储设备：观察普通硬盘(俗称机械硬盘，如图 1-9 所示)或固态硬盘(见图 1-10)的接口类型(如 SATA、M. 2 等)，了解其存储容量和读写速度。

图 1-9　希捷(SEAGATE)企业级硬盘

图 1-10 三星(SAMSUNG)M.2 接口 1 TB 固态硬盘

⑤显卡：识别显卡型号，观察其与主板的连接方式(如通过 PCIe 插槽)，如图 1-11 所示。

图 1-11 英伟达(NVIDIA)T400 4 GB GDDR6 专业显卡

6. 实验结果与分析

1)主板：

①结果：主板是计算机的核心部件，提供了各部件之间的连接平台。

②分析：主板的型号和布局决定了计算机可以支持的硬件类型和数量，是构建高性能计算机的基础。

2)CPU

①结果：CPU 是计算机的“大脑”，负责执行指令和处理数据。

②分析：CPU 的型号和性能直接影响计算机的处理速度和效率，是评估计算机性能的重要指标。

3)内存

①结果：内存是计算机中用于暂时存储数据的部件，读写速度非常快。

②分析：内存的容量和速度对计算机的性能有显著影响，更大的内存容量和更快的读写速度可以提高计算机的运行效率。

4）存储设备

①结果：硬盘或固态硬盘是计算机的永久存储设备，用于存储操作系统、应用程序和用户数据。

②分析：存储设备的容量和读写速度决定了计算机的存储能力和数据访问速度，对计算机的整体性能有重要影响。

5）显卡：

①结果：显卡是计算机中用于图形处理的部件，负责将图形数据转换为显示信号。

②分析：显卡的性能对计算机的图形处理能力有直接影响，对于需要高性能图形处理的场景（如游戏、图形设计等），选择高性能显卡至关重要。

通过本次实验，我们深入了解了计算机的组成结构及各部件的功能和技术指标。这对于我们理解计算机的工作原理、优化计算机性能以及解决计算机故障具有重要意义。

7. 扩展阅读

1）主板（motherboard）

主板是计算机的核心组件，它连接和协调所有其他硬件设备。主板上集成了多个重要组件，包括 CPU 插槽、内存插槽、扩展插槽、电源连接器、BIOS 芯片、南桥芯片和北桥芯片等。主板的设计和布局因不同的制造商和型号而异，但其基本功能和结构是相似的。

2）CPU

CPU 是计算机的"大脑"，负责执行各种计算和逻辑操作。现代 CPU 通常采用多核心设计，以提高处理能力和效率。CPU 的性能取决于其主频、缓存大小和架构等。CPU 需要安装在主板上的 CPU 插槽中，并通过散热器和风扇进行散热。

3）内存

内存是计算机的临时存储器，用于存储正在运行的程序和数据。内存的容量和速度直接影响计算机的性能。常见的内存类型包括 DDR3、DDR4 和 DDR5 等。内存条需要安装在主板上的内存插槽中，确保与主板兼容。

4）存储设备

存储设备用于长期保存数据，常见的存储设备包括硬盘驱动器（HDD）和固态硬盘（SSD）。HDD 通过机械磁盘读写数据，而 SSD 通过闪存芯片存储数据，因此具有更快的读写速度和更高的可靠性。存储设备需要连接到主板上的 SATA 或 M.2 接口。

5）显卡（GPU）

显卡负责处理图形和视频数据，是计算机显示系统的核心组件。现代显卡通常具有强大的计算能力，可以用于游戏、图形设计和科学计算等任务。显卡需要安装在主板上的 PCIe 插槽中，并通过电源供应器供电。

6）电源供应器（PSU）

电源供应器为计算机提供稳定的电力供应，确保所有硬件设备正常工作。电源供应器的功率和效率是选择时的重要考虑因素。电源供应器需要连接到主板、CPU、显卡和存储设备等，确保每个部件都能获得足够的电力。

实验1-3 计算机主机组装

1. 实验目的与要求

①了解计算机主机组成部分：通过实验，了解计算机主机的各个组成部分及其功能。

②掌握组装技巧：学习并掌握正确组装计算机主机的步骤和技巧。

③检验兼容性：确保所有硬件组件之间的兼容性，并将其成功组装成一台可以正常运行的计算机。

④培养实践能力：通过动手实践，提升解决实际问题的能力并树立团队合作精神。

2. 实验原理

计算机主机组装实验基于计算机硬件系统的基本原理，计算机硬件系统由多个硬件组件组成，包括 CPU、主板、内存、硬盘、显卡、电源等。这些硬件组件通过特定的接口和总线连接在一起，形成一个完整的计算机硬件系统。组装过程中需要确保各组件之间的兼容和正确连接，以保证计算机能够正常启动和运行。

3. 实验材料

①CPU：Intel 或 AMD 品牌 CPU。

②主板：与 CPU 兼容的主板，具有所需的插槽和接口。

③内存条：DDR4 或更高版本的内存条，容量根据需求选择。

④机械硬盘：用于存储数据和操作系统。

⑤显卡：独立显卡(如 NVIDIA 或 AMD 品牌)或集成在 CPU 中的显卡。

⑥电源：符合各硬件组件功耗需求，用于为计算机供电。

⑦机箱：用于容纳所有硬件组件。

⑧散热风扇：CPU 散热器及机箱风扇，用于散热。

⑨连接线：如 SATA 线、电源线、数据线等。

⑩螺丝刀及其他工具：用于安装各硬件组件。

4. 注意事项

①防静电：组装前确保身体和工作环境处于防静电状态，避免损坏硬件。

②阅读说明书：在安装前仔细阅读各硬件组件的说明书，确保正确安装。

③正确连接：注意接口和插槽的方向，避免错误连接导致硬件损坏。

④散热问题：确保 CPU 和机箱内的其他重要组件有足够的散热措施。

⑤电源管理：确保电源功率足够支持所有硬件组件的功耗需求。

5. 实验方法与步骤

准备工作：将所有硬件组件和工具整齐地放在干净、宽敞的工作台上，确保防静电措施到位。在开始组装前，建议穿戴防静电手环，并确保工作台面铺设防静电垫。同时，关闭所有可能产生静电的电器设备，如电风扇和空调。检查所有硬件组件的包装和说明书，确保没有遗漏或损坏的部件。准备工作台时，还应确保充足的光线和空间，以便操作。在组装过程中，保持工具和配件的有序摆放，避免丢失或混淆。此外，提前准备好清洁工具，如软布和酒精，用于清洁硬件表面的灰尘和污渍，确保各部件接触良好。

1)安装 CPU

①确保主板上的 CPU 插槽保护盖已经完全打开，如图 1-12 所示。仔细观察 CPU 和插槽上的对齐标志，确保 CPU 的方向与插槽完全匹配。

图 1-12　打开 CPU 插槽保护盖

②轻轻将 CPU 放置在插槽中，不要用力按压，以免损坏针脚。确认 CPU 已经正确放置后，缓慢盖上保护盖，并确保其牢固锁定。

③如果主板有额外的 CPU 供电接口，记得连接相应的电源线。在整个过程中，务必保持手部清洁，避免触摸 CPU 的触点部分，以防静电损坏。

2)安装内存条

①打开主板上的内存插槽两侧的卡扣，确保卡扣处于打开状态，如图 1-13 所示。

图 1-13　内存插槽及卡扣

②找到内存条上的凹槽(见图 1-14)和插槽上的凸起对齐标志，确保方向正确。轻轻将内存条垂直插入插槽中，直至两侧的卡扣自动弹回并牢固地锁住内存条。在插入过程中，不要用力过猛，以免损坏内存条或插槽。

图 1-14 内存条上的凹槽

③安装完成后，检查内存条是否稳固，确保其与插槽完全接触。如果主板有多个内存插槽，要根据说明书上的推荐位置进行安装。安装完毕后，可以轻轻摇动内存条，确认其已固定牢靠。

3)安装主板

①确保机箱内的主板托盘干净无异物，将主板对准托盘上的螺丝孔，轻轻放置在预定位置。确保主板上的所有接口和插槽与机箱的背板孔对齐，避免错位。

②使用螺丝刀将螺丝逐一固定在主板和托盘的对应孔位上，螺丝不要拧得过紧，以免损坏主板。在固定螺丝时，可以先将所有螺丝初步拧上，再逐一拧紧，确保主板平整无倾斜。

③检查主板与机箱的连接是否稳固，确保所有接口和插槽没有松动。

4)安装硬盘

①选择合适的硬盘架位置，确保硬盘有足够的空间和良好的通风环境。如图 1-15 所示，将硬盘平稳地放置在硬盘架上，并使用螺丝将硬盘固定在机箱上，确保其不会松动。

图 1-15 机箱上的硬盘架

②找到主板上的 SATA 接口，如图 1-16 所示，将 SATA 数据线一端插入主板的 SATA 接口，另一端插入硬盘的 SATA 接口，确保连接牢固且方向正确。

图 1-16　主板上的 SATA 接口

③找到电源线的 SATA 电源接口，将其插入硬盘的电源接口，确保连接紧密。检查所有连接，确保没有松动或错误连接，以避免数据无法传输或硬盘无法识别等问题。

④安装完毕后，可以轻轻摇动硬盘，确认其已牢固固定，并检查所有线缆是否整理整齐，避免影响散热和美观。

5)安装显卡

①确保显卡与主板的 PCIe 插槽(见图 1-17)兼容。找到主板上的 PCIe 插槽，轻轻将显卡的导电触片(金手指)对准插槽，垂直插入并确保其完全贴合。插入过程中，避免用力过大，以免损坏插槽或显卡。

图 1-17　PCIe 插槽

②用螺丝将显卡的金属背板固定在机箱的相应位置，确保显卡安装稳固。如果显卡需要额外的电源连接，找到电源线上的 PCIe 供电接口，将其插入显卡的供电接口，确保连接牢固。

③检查显卡的所有连接，确保没有松动或错误连接，以保证显卡能够正常工作。

6）盖上机箱盖

确保所有硬件组件都已正确安装后，盖上机箱盖并用螺丝固定。

6. 实验结果与分析

①实验结果：经过上述步骤的操作，实验者成功组装了一台计算机主机。开机后，操作系统能够正常启动并进入操作系统界面，各硬件组件均能正常工作。

②分析：本次实验成功完成了计算机主机的组装工作，并在组装过程中严格遵守了组装流程和注意事项的要求，确保了各个硬件组件的正确安装和连接。实验结果表明，组装的计算机主机性能稳定、可靠，能够正常启动并运行各种应用程序和操作系统，充分说明了实验者对计算机硬件组装技术的掌握程度较高，同时具备了一定的动手能力和实践能力。

实验 1-4 计算机外部设备安装

1. 实验目的与要求

①了解外部设备种类：熟悉并掌握常见的计算机外部设备的种类及功能。

②掌握安装方法：学会正确、安全地安装各类计算机外部设备。

③测试设备兼容性：确保安装的外部设备与计算机系统兼容并能正常工作。

④故障排查能力：培养基本的外部设备故障排查与解决能力。

2. 实验原理

计算机外部设备是指连接到计算机主机外部，用于扩展计算机功能或提供输入输出服务的设备。这些设备通过不同的接口（如 USB 接口、HDMI 接口、网线接口等）与计算机相连，实现数据传输和命令控制。安装外部设备时，需确保设备接口与计算机端口匹配，同时遵循正确的连接顺序和操作步骤，以确保设备正常工作且不对计算机系统造成损害。

3. 实验材料

①计算机主机：一台具备常用外部设备接口（USB 接口、HDMI 接口、音频接口等）的计算机。

②显示器：一台具备 HDMI 或 VGA 接口的显示器。

③键盘与鼠标：有线或无线的键盘和鼠标。

④打印机：一台具备 USB 接口的打印机。

⑤外部硬盘：一个具备 USB 接口的外部硬盘。

⑥音箱：一对具备3.5 mm音频接口的音箱。

⑦连接线材：USB延长线、HDMI线、电源线等连接线材。

⑧工具：螺丝刀(用于拆卸机箱或安装内部转接口)。

4. 注意事项

①断电操作：在安装或拆卸外部设备前，务必关闭计算机并拔掉电源线，以防触电或损坏设备。

②接口匹配：确认设备接口与计算机端口类型一致，避免错误连接导致设备损坏。

③驱动程序：部分外部设备需要安装特定的驱动程序才能正常工作，所以应提前准备好驱动光盘或下载好驱动程序。

④连接顺序：按照设备说明书推荐的连接顺序进行操作，以减小故障发生的可能性。

⑤安全放置：确保外部设备放置在稳定、通风良好的位置，避免压迫线缆带来的安全隐患。

5. 实验方法与步骤

1)连接显示器

①确认显示器的接口类型(HDMI、VGA、DVI、DP等，如图1-18所示)，并选择合适的连接线。不同的显示器接口的分辨率和刷新率是不一样的。若连接线或接口不支持，则再好的屏幕也发挥不出应有的效果。VGA和DVI接口正在被逐步淘汰。HDMI接口分为HDMI1.4、HDMI2.0等规格，其中HDMI1.4对2 K分辨率显示器支持最高60 Hz刷新率，对1 080 P分辨率显示器支持120 Hz刷新率，HDMI2.0对2K分辨率显示器支持144 Hz刷新率，对1 080 P分辨率显示器支持240 Hz刷新率。DP接口常见的有DP1.2和DP1.4两种，DP1.2接口的显示器在2 K分辨率下可以支持144 Hz刷新率，1 080 P分辨率下可以支持240 Hz刷新率，DP1.4接口显示器支持更高分辨率和刷新率，但是配备DP1.4接口的显示器价格都比较贵，这个规格的接口还比较小众。

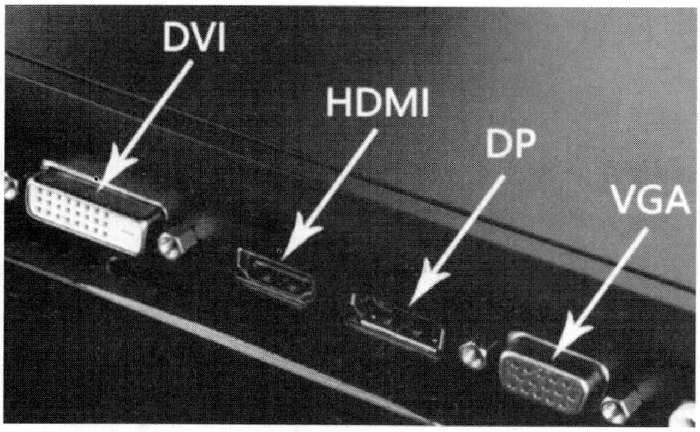

图1-18　显示器的几种常见接口

②使用HDMI线将显示器的视频接口与计算机的显卡接口连接。如果使用VGA线，要确保连接时插头与接口对齐，再轻轻旋紧螺丝。

③将显示器的电源线插入电源插座，并打开显示器电源。

④打开计算机，等待系统识别显示器。如果显示器显示无信号，则检查连接线是否插好，并尝试重新连接。

⑤在操作系统中调整显示设置，如分辨率和刷新率，以呈现最佳的显示效果。

可以通过以下步骤来操作：首先，在桌面的空白处右击，然后在弹出的快捷菜单中选择“显示设置”选项。进入显示设置页面后，会看到分辨率和刷新率的调整选项。分辨率应根据显示器的最佳分辨率来设定，通常较高的分辨率能提供更清晰、细腻的图像。而刷新率则要依据显示器的支持情况来调整，一般较高的刷新率会使画面更加流畅，减轻视觉疲劳。在调整完成后，单击“保存”或“应用”按钮，以使设置生效。

⑥如果显示器连接后出现画面模糊、色彩异常等问题，应检查连接线是否完好，尝试更换连接线或重新安装显卡驱动程序。

2)安装键盘与鼠标

①将键盘和鼠标的 USB 插头分别插入计算机的 USB 接口中。

②操作系统将自动识别并安装驱动程序(如有需要，可手动安装)。

3)连接移动硬盘或 U 盘

①将移动硬盘或 U 盘的 USB 插头插入计算机的 USB 接口中。

②操作系统将自动识别并挂载移动硬盘或 U 盘。

4)连接音箱

①将音箱的音频线插入计算机的 3.5 mm 音频接口中。

②打开音箱电源，调整音量并设置音质。

6. 实验结果与分析

1)显示器连接成功

①实验结果：显示器显示操作系统桌面，图像清晰无闪烁。

②分析：HDMI 线或 VGA 线连接正确，显示器和显卡均正常工作，驱动程序已正确安装。

2)键盘与鼠标安装成功

①实验结果：键盘和鼠标均能正常响应输入操作，无延迟或卡顿现象。

②分析：USB 接口连接良好，驱动程序已正确安装，键盘和鼠标均无明显故障。

3)移动硬盘连接成功

①实验结果：计算机能够识别并挂载移动硬盘，能够正常读写数据。

②分析：USB 接口连接良好，外部硬盘无明显故障，文件系统格式与计算机兼容。

4)音箱连接成功

①实验结果：音箱能够正常播放计算机输出的音频信号，音质清晰，无杂音。

②分析：音频接口连接正确，音箱无明显故障，驱动程序(如有)已正确安装。

第 2 章

操作系统实验

实验 2-1 文件和文件夹

1. 实验目的

①理解和掌握计算机中文件及文件夹的管理方法。

②理解和掌握资源管理器的操作方法。

2. 实验要求

①在 D 盘中创建“素材库”文件夹，并创建其子文件夹“图像”“音频”。

②在计算机中搜索音频和图像文件，将它们备份于对应的文件夹中。

3. 实验步骤

在 Windows 中，主要通过资源管理器来进行文件和文件夹的管理。通过资源管理器，用户可以浏览文件系统，对文件及文件夹执行创建、复制、移动、剪切、粘贴、删除、重命名等操作。用户也可以使用快捷键提升常见的文件管理操作效率，例如打开资源管理器的快捷键是 Win+E，复制文件的快捷键是 Ctrl+C，粘贴文件的快捷键是 Ctrl+V 等。

1) 创建文件夹

Windows 中，创建文件夹是一个基本的操作，可以帮助用户更好地组织和管理文件。良好的文件夹管理习惯包括建立最适合自己的文件夹结构、控制文件夹与文件的数目、注意结构的级数以及文件和文件夹的命名。以下是几种常见的创建文件夹的方法。

(1) 通过快捷菜单创建文件夹。

①打开需要创建文件夹的位置，例如桌面或某个磁盘。

②在空白处右击，在打开的快捷菜单中选择“新建”。

③在子菜单中选择“文件夹”，即可新建文件夹。

(2) 使用快捷键创建文件夹。

打开想要新建文件夹的位置，按 Ctrl+Shift+N 键，就可快速新建一个文件夹。

(3) 在资源管理器中创建文件夹。

打开资源管理器，单击“新建”下拉按钮，在下拉菜单中选择“文件夹”，即可新建文件夹。

2）搜索文件

Windows 提供了多种快速搜索文件的方式，包括使用文件夹窗口顶部或右上角的小搜索栏进行搜索，或者按 Win+F 键启动搜索功能。这些方法允许用户根据文件名、文件内容的一部分、文件大小等信息来快速查找文件。

搜索文件或文件夹时，通配符是一种非常有用的工具，它可以帮助用户简化搜索过程，提高搜索效率。Windows 并不支持直接使用通配符来搜索文件夹，但通配符可以用于文件名的搜索，进而间接搜索到文件所在的文件夹。主要的通配符包括以下两种。

①星号（*）：代表任意数量的字符，包括零个字符。例如，搜索 *.txt 将返回所有扩展名为 txt 的文件。

②问号（?）：代表单个字符。例如，搜索 test?.txt 将返回名称如 test1.txt、test2.txt 等的文件。

提示：本实验案例中对音频类文件可以搜索 *.wav 等，对图像类文件可以搜索 *.jpg 等。

3）备份文件

Windows 提供了灵活多样的方式来满足不同场景下的文件及文件夹备份需求。方法的选择取决于具体的使用环境和个人偏好。

（1）快捷菜单法。

备份单个文件或文件夹：在资源管理器中找到目标文件或文件夹，右击该文件或文件夹，在打开的快捷菜单中选择“复制”，然后打开目标位置，在空白处右击，在打开的快捷菜单中选择“粘贴”。

备份多个文件或文件夹：可以选择多个文件或文件夹（按住 Ctrl 键并逐一单击选中），然后右击选中的文件或文件夹，在打开的快捷菜单中选择“复制”，同样地，在目标位置右击并在打开的快捷菜单中选择“粘贴”。

（2）拖动法。

对同一磁盘：按住 Ctrl 键，将目标文件或文件夹从源位置拖动到目标位置。

对不同磁盘：直接拖动文件或文件夹到目标磁盘即可完成复制。

（3）快捷键法。

选择文件或文件夹后，按 Ctrl+C 键复制，然后打开目标位置，按 Ctrl+V 键粘贴。

4）属性设置

在 Windows 中，设置文件夹和文件的属性是一个重要的管理手段，它可以帮助用户更好地组织、保护文件和数据。

在 Windows 中，可以通过更改文件夹属性来优化磁盘上的同类文件。具体操作是：右击想要更改属性的文件夹或磁盘，在打开的快捷菜单中选择“属性”，打开“属性”对话框，切换到“自定义”选项卡，选择要将此文件夹优化为哪种文件夹，并勾选“把此模板应用到所有子文件夹”复选框，最后单击“应用”按钮。

4. 拓展任务

①使用画图工具创作一幅画，并保存在“图片”文件夹中。

②使用录音机工具创作一个音频文件，并将其保存在“音频”文件夹中。

③对文件或文件夹进行选择、新建、移动、复制、删除、重命名等操作练习。

④对文件或文件夹进行属性设置，理解其意义。

5. 补充阅读

1）Windows 操作系统

Windows 是由微软公司推出的操作系统，自 1985 年首次发布以来不断发展，经历了多个重要阶段，从最初对图形用户界面的尝试到现在的多任务、多用户支持，是具备设备兼容广泛、软件丰富、支持网络连接、安全性强等特点（见图 2-1）的操作系统。Windows 已经成为世界上使用极为广泛的个人计算机操作系统之一。

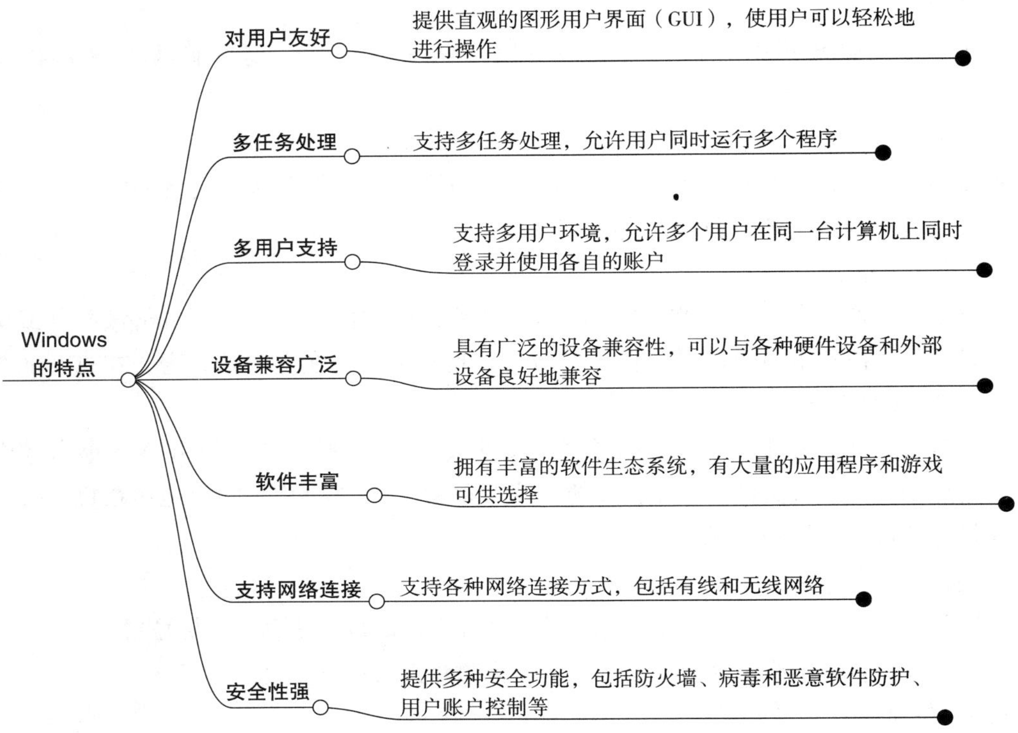
Windows
的特点
对用户友好
提供直观的图形用户界面（GUI），使用户可以轻松地进行操作
多任务处理
支持多任务处理，允许用户同时运行多个程序
多用户支持
支持多用户环境，允许多个用户在同一台计算机上同时登录并使用各自的账户
设备兼容广泛
具有广泛的设备兼容性，可以与各种硬件设备和外部设备良好地兼容
软件丰富
拥有丰富的软件生态系统，有大量的应用程序和游戏可供选择
支持网络连接
支持各种网络连接方式，包括有线和无线网络
安全性强
提供多种安全功能，包括防火墙、病毒和恶意软件防护、用户账户控制等

图 2-1　Windows 的特点

2）资源管理器

资源管理器是 Windows 的一项重要功能组件，它允许用户查看和管理计算机上的所有资源，特别是提供了树形的文件系统结构，使得用户能够更清楚、更直观地了解计算机的文件和文件夹。

资源管理器的窗口包括标题栏、菜单栏、工具栏和地址栏等几部分，如图 2-2 所示，与一般窗口相似，但资源管理器还具有特别的左窗口和右窗口。左窗口以树形目录形式显示文件夹结构，而右窗口则展示当前文件夹的内容。

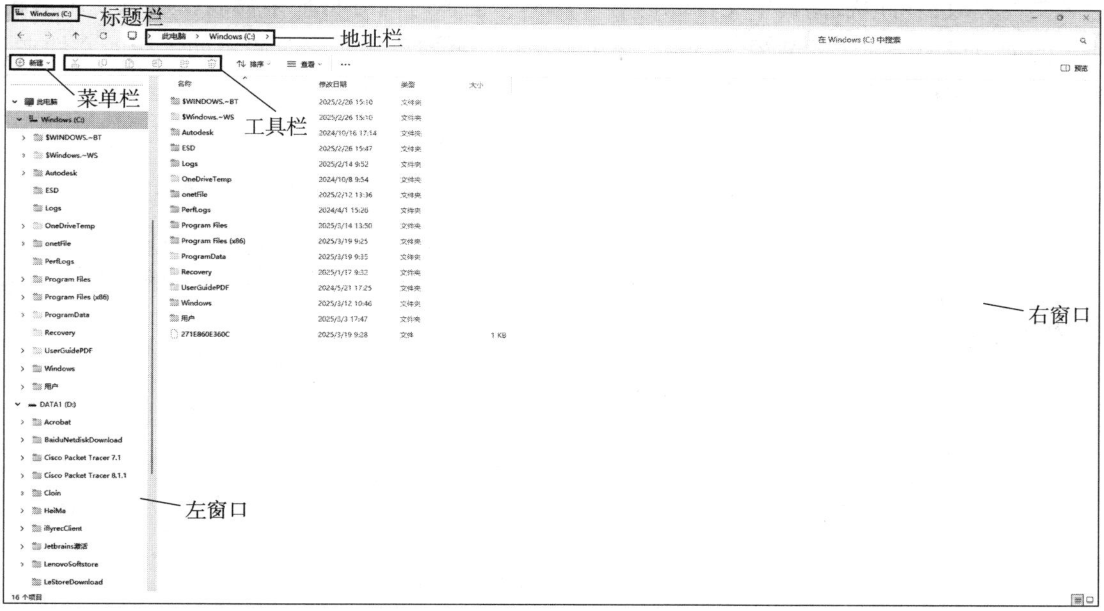

图 2-2　Windows 的资源管理器窗口

在资源管理器窗口中，左窗口显示的是系统的文件夹树，以树形目录的形式展示了所有的文件夹，使得用户可以轻松地浏览和访问不同层级的文件夹。如果左窗口中的文件夹前有加号标记，表示该文件夹还有子文件夹，可以通过单击展开来查看其下的子文件夹；如果没有加号标记，则表示该文件夹没有子文件夹。

右窗口显示的是当前选定文件夹中的内容，即左窗口中所选中的文件夹中的文件和子文件夹。右窗口是用户进行文件操作(如打开、复制、移动等)的主要区域。

3) Windows 文件夹管理

在 Windows 中，文件是存储在存储设备上的具有特定名称和属性的数据集合。它可以包含各种类型的信息，例如文本、图像、音频、视频等。文件是计算机数据存储的基本单位，每个文件都有自己的文件名以便于识别和访问。文件包含文件内容和文件属性两部分，文件属性包括文件的类型、大小、创建时间、访问时间、修改时间、访问权限等信息。

文件夹是用来组织和管理磁盘文件的一种数据结构，将相关的文件和子文件夹组织在一起，以便于管理和访问。

文件夹管理是对文件夹进行组织、分类、整理的过程，如图 2-3 所示。文件夹分类可以根据文件的性质、用途、格式等进行，在分类过程中，可以根据具体需求创建更多层级的文件夹，以满足不同的管理需求。整理文件夹可以定期清理不再需要的文件，对文件进行归档和备份，确保文件的安全性和可用性。在整理过程中，可以对文件夹进行重命名、合并、拆分等操作，使文件夹的结构更加清晰和合理。良好的文件夹管理可以减少寻找和整理文件的时间，提高工作和学习效率。

文件夹命名是文件夹管理的重要环节。合理的文件夹命名可以提高查找文件的效率。命名文件夹时，可以根据其中文件的内容、用途、创建时间等特征来命名，可以使用清晰明了的词语或简洁明了的缩写。同时，还可以使用一些特殊字符来分隔不同层级的文件夹，但要避免使用过长或过于复杂的文件夹名称。

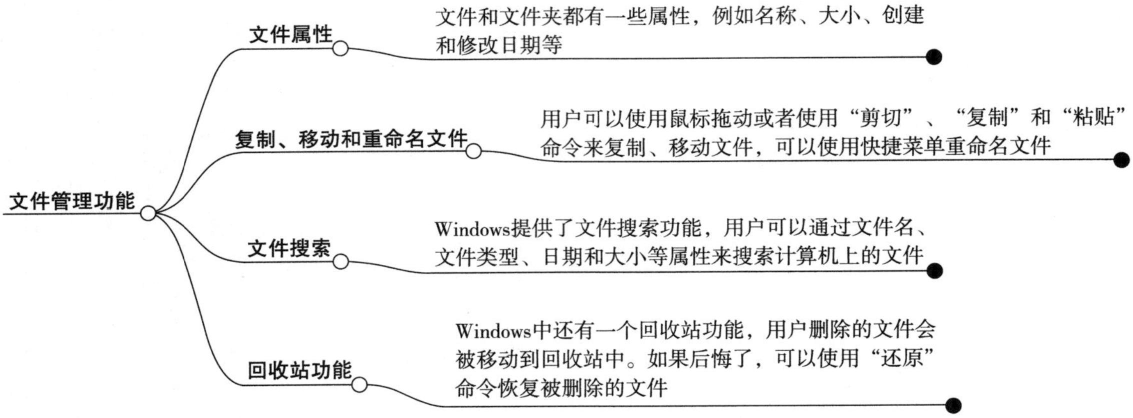
文件管理功能
文件属性
文件和文件夹都有一些属性，例如名称、大小、创建和修改日期等
复制、移动和重命名文件
用户可以使用鼠标拖动或者使用“剪切”、“复制”和“粘贴”命令来复制、移动文件，可以使用快捷菜单重命名文件
文件搜索
Windows提供了文件搜索功能，用户可以通过文件名、文件类型、日期和大小等属性来搜索计算机上的文件
回收站功能
Windows中还有一个回收站功能，用户删除的文件会被移动到回收站中。如果后悔了，可以使用“还原”命令恢复被删除的文件

图 2-3　Windows 文件管理功能

4) Windows 快捷键

所谓快捷键就是可以完成一条功能命令的键盘上某一个键或某几个键的组合，可以达到减少操作计算机的时间、提高计算机操作速度的目的。

熟练掌握一些常用的快捷键可以提高工作效率和操作便利性。表 2-1 到表 2-4 包含了 20 个计算机常用快捷键及其作用，勤加练习，将它们运用到日常工作和生活中，可提高工作效率，享受更便捷的计算机操作体验。

表 2-1　复制、粘贴类快捷键

快捷键	作用
Ctrl+C	将选中的内容复制到剪贴板
Ctrl+V	将剪贴板中的内容粘贴到光标所在位置
Ctrl+X	将选中的内容剪切到剪贴板
Ctrl+A	全选当前页面或文档中的内容
Ctrl+Z	撤销上一步操作

表 2-2　浏览器操作类快捷键

快捷键	作用
Ctrl+T	新建一个标签页
Ctrl+W	关闭当前标签页
Ctrl+Tab	切换标签页
Ctrl+Shift+Tab	切换到上一个标签页
Ctrl+F	在当前页面搜索关键词

表 2-3 窗口管理类快捷键

快捷键	作用
Alt+Tab	切换当前打开的窗口
Alt+F4	关闭当前窗口
Win+D	显示桌面
Win+E	打开资源管理器
Win+L	锁定计算机

表 2-4 文本编辑类快捷键

快捷键	作用
Ctrl+B	将选中的文字加粗
Ctrl+I	将选中的文字以斜体显示
Ctrl+U	给选中的文字添加下划线
Ctrl+S	保存当前文档或页面
Ctrl+P	打印当前文档或页面

实验 2-2 系统桌面管理

1. 实验目的

①熟悉 Windows 桌面的背景、图标、任务栏三个主要组成部分。

②掌握快捷方式的概念和创建快捷方式的方法。

2. 实验要求

①对桌面进行个性化设置。

②在桌面上创建记事本工具的快捷方式图标。

3. 实验步骤

1) 对桌面进行个性化设置

个性化设置是桌面管理的重要组成部分，其意义在于提升用户体验。用户可以根据个人偏好调整界面元素，包括但不限于桌面背景、锁屏界面、窗口颜色、桌面图标等，使得桌面适合自己的工作风格和个人喜好，以此提高工作效率和使用体验。

在桌面空白处右击，在快捷菜单中选择“个性化”，在打开的个性化设置窗口(见图 2-4)中进行个性化设置。主要功能的介绍如表 2-5 所示。

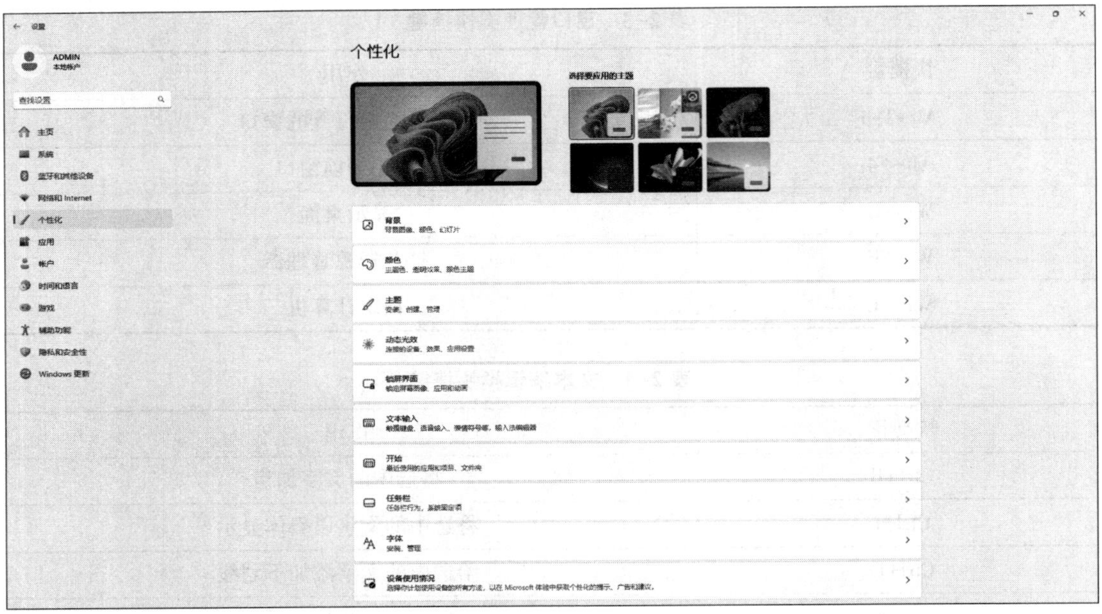

图 2-4　Windows 桌面个性化设置窗口

表 2-5　Windows 桌面个性化设置主要功能介绍

设置元素	描述
背景	提供多种风格的背景供选择，包括纯色、风景、动物、艺术等；支持幻灯片模式，自动更换背景，增加桌面的新鲜感
颜色	允许自定义窗口的颜色，并即时预览效果，用户可以根据喜好选择颜色，使整体界面更符合个人风格
桌面图标	支持调整桌面图标的大小及排列方式，可根据使用习惯来自定义快捷方式，便于快速访问常用程序和文件
锁屏界面	用户能自定义锁屏界面的背景图片及显示内容，如设置为个人照片或其他个人喜欢的图片，从而让锁屏界面更具个性化

此外，市面上有许多专门用于计算机桌面管理和美化的软件，例如 Fences、酷呆桌面、360 桌面助手等，它们各具特色，可以帮助用户更好地管理和组织桌面图标，创造一个既美观又实用的工作环境。

2) 在桌面上创建记事本工具的快捷方式图标

方法 1：通过资源管理器。

在资源管理器的左窗口中单击“此计算机”按钮，找到想要添加快捷方式的应用程序(本实验中以记事本为例，其位置是 C:\Windows\notepad. exe)。右击该应用程序，在快捷菜单中选择“显示更多选项”，在弹出菜单中选择“发送到”，然后在子菜单中选择“桌面快捷方式”，如图 2-5 所示。这样，就在桌面上创建了记事本的快捷方式。

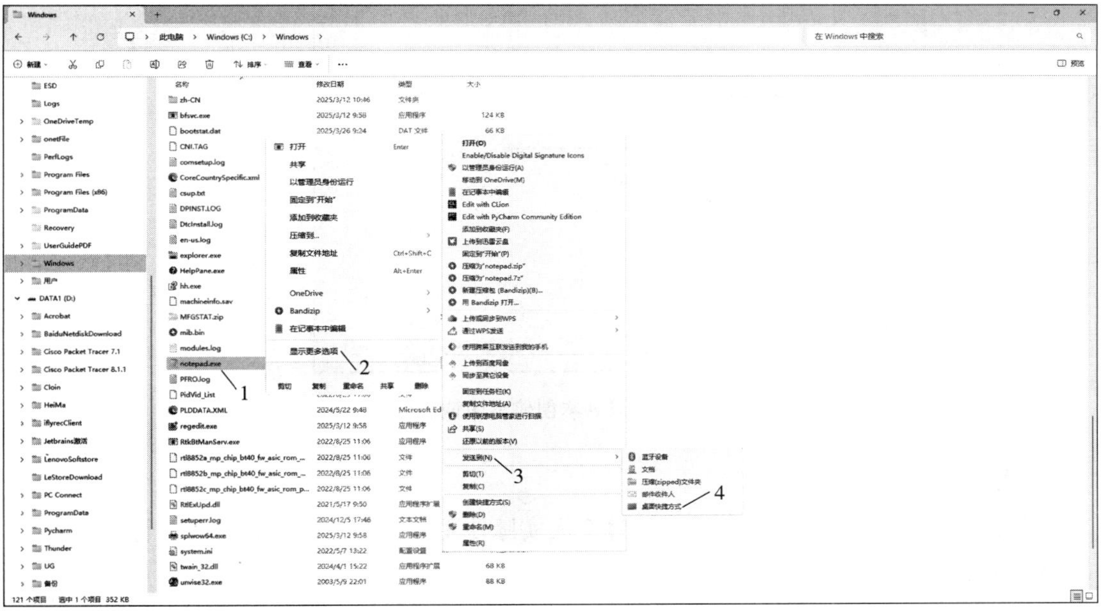

图 2-5　为记事本创建桌面快捷方式 1

方法 2：通过快捷菜单。

在桌面上右击，在快捷菜单中选择“新建”，然后在子菜单中选择“快捷方式”，打开“创建快捷方式”对话框，单击“浏览”按钮，找到应用程序的可执行文件(如 C:\Windows\ notepad. exe)，选中后单击“确定”按钮，该流程如图 2-6 所示。单击“创建快捷方式”对话框中的“下一步”按钮，在输入栏中输入新建快捷方式的名称(本实验中，名称为“记事本”)，单击“完成”按钮，流程如图 2-7 所示。

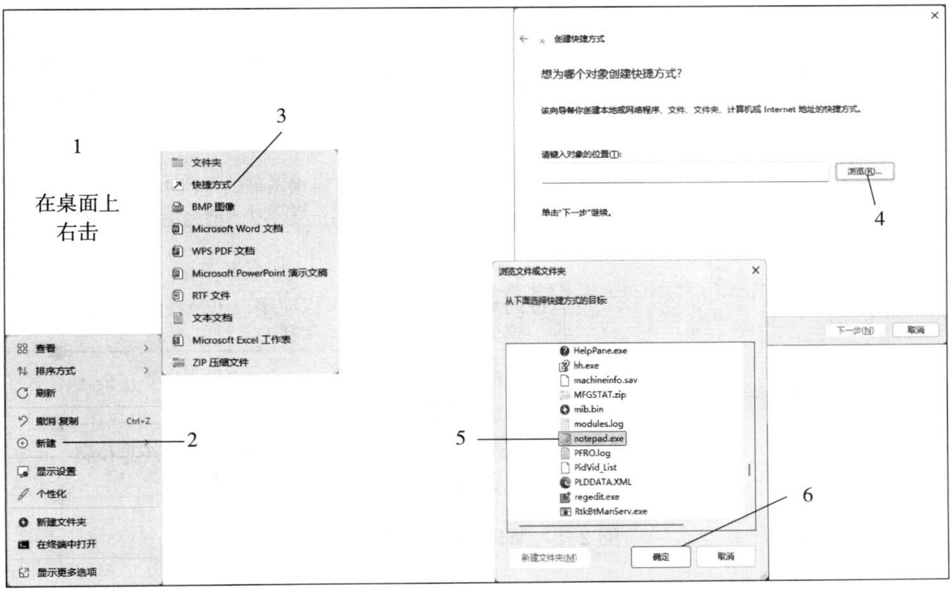

图 2-6　为记事本创建桌面快捷方式 2

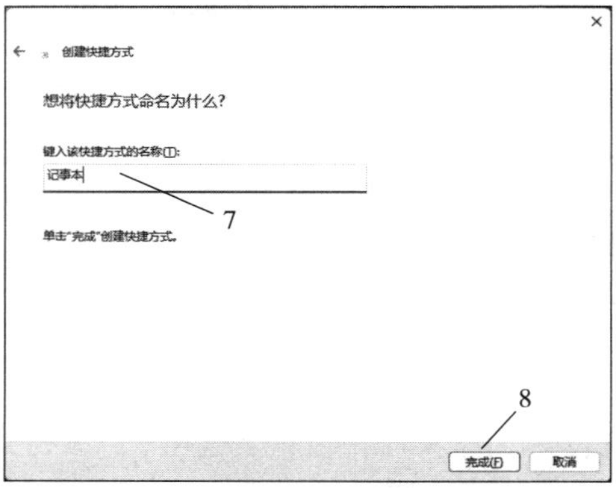
创建快捷方式
想将快捷方式命名为什么?
键入该快捷方式的名称(T):
记事本
7
单击"完成"创建快捷方式。
8
完成(F)
取消

图 2-7　为记事本创建桌面快捷方式 3

4. 拓展任务

下载一款计算机桌面管理软件，通过个人实际使用和体验，探索其功能、特点。

5. 补充阅读

桌面管理(见图 2-8)涉及对桌面的图标、背景、主题、文件和文件夹等对象进行管理。通过合理布局、组织和维护桌面上的内容，可优化用户体验并提高用户使用计算机的效率。

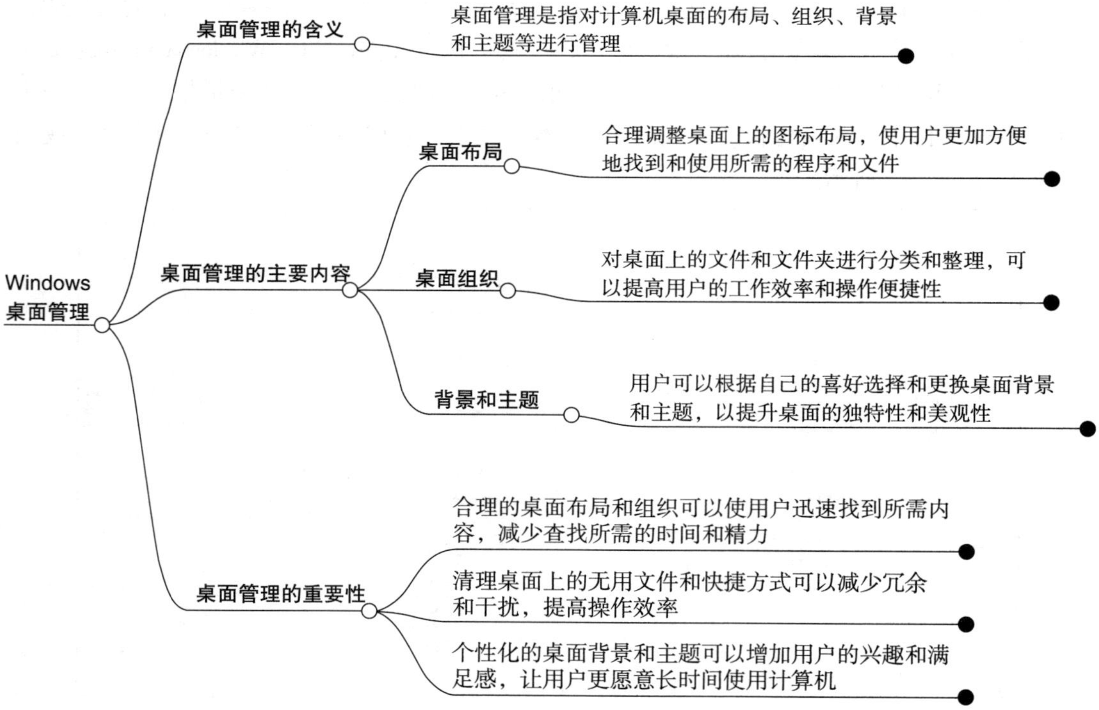
Windows 桌面管理
桌面管理的含义
桌面管理是指对计算机桌面的布局、组织、背景和主题等进行管理
桌面管理的主要内容
桌面布局
合理调整桌面上的图标布局，使用户更加方便地找到和使用所需的程序和文件
桌面组织
对桌面上的文件和文件夹进行分类和整理，可以提高用户的工作效率和操作便捷性
背景和主题
用户可以根据自己的喜好选择和更换桌面背景和主题，以提升桌面的独特性和美观性
桌面管理的重要性
合理的桌面布局和组织可以使用户迅速找到所需内容，减少查找所需的时间和精力
清理桌面上的无用文件和快捷方式可以减少冗余和干扰，提高操作效率
个性化的桌面背景和主题可以增加用户的兴趣和满足感，让用户更愿意长时间使用计算机

图 2-8　Windows 桌面管理

实验 2-3 应用软件安装

1. 实验目的

①熟悉软件安装流程：了解常见应用软件的安装过程，掌握安装过程中的各项设置和操作。

②培养解决安装问题的能力：学会应对安装过程中可能出现的问题，并能够独立解决。

③掌握软件的基本配置：完成安装后，能够对软件进行基本的配置以满足使用需求。

2. 实验要求

下载并安装解压缩软件 WinRAR，调试以确定其可正常运行。

3. 实验步骤

在 Windows 上安装软件是很常见的事情，但对新手来说，这可能是一个挑战。下面参照图 2-9 所示的 Windows 软件安装常规流程，以压缩软件 WinRAR 的安装为例，了解软件安装的基本操作并进行实践。

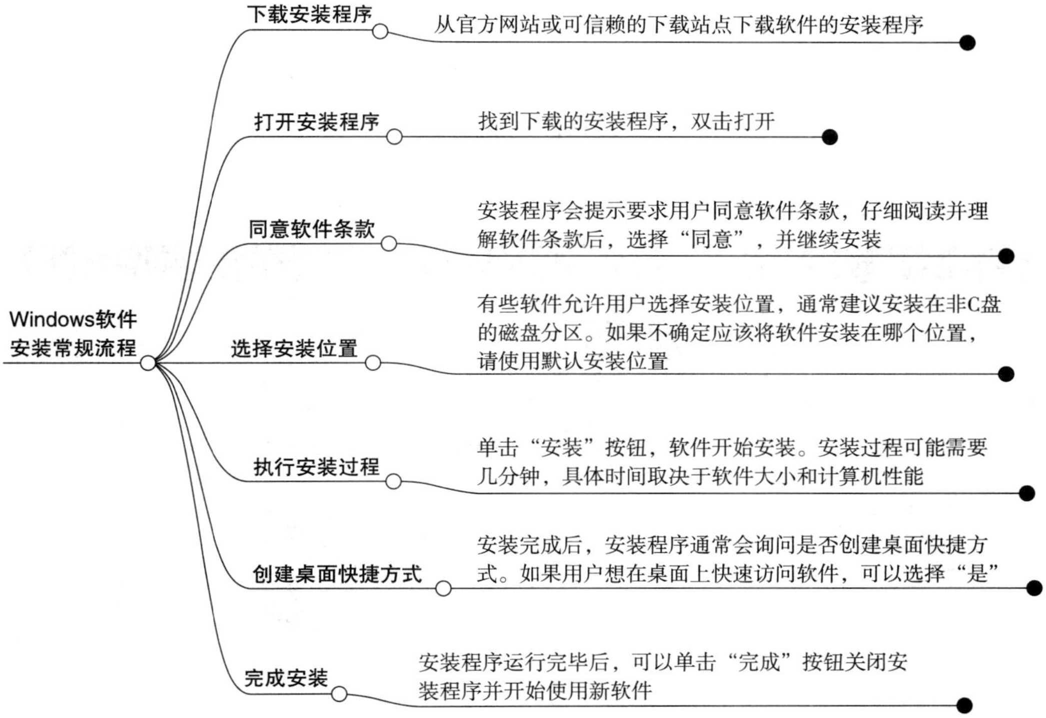
Windows软件安装常规流程
下载安装程序
从官方网站或可信赖的下载站点下载软件的安装程序
打开安装程序
找到下载的安装程序，双击打开
同意软件条款
安装程序会提示要求用户同意软件条款，仔细阅读并理解软件条款后，选择“同意”，并继续安装
选择安装位置
有些软件允许用户选择安装位置，通常建议安装在非C盘的磁盘分区。如果不确定应该将软件安装在哪个位置，请使用默认安装位置
执行安装过程
单击“安装”按钮，软件开始安装。安装过程可能需要几分钟，具体时间取决于软件大小和计算机性能
创建桌面快捷方式
安装完成后，安装程序通常会询问是否创建桌面快捷方式。如果用户想在桌面上快速访问软件，可以选择“是”
完成安装
安装程序运行完毕后，可以单击“完成”按钮关闭安装程序并开始使用新软件

图 2-9 Windows 软件安装常规流程

1)下载安装程序

用户需要从官方网站或可信赖的下载站点获取软件的安装程序，并确保下载的软件版本与用户的操作系统兼容。

为了确认兼容性，需要查看本机信息。在资源管理器的左窗口中右击“此计算机”，在打开的快捷菜单中选择“属性”，在弹出的“系统信息”界面可以看到本机信息，其中比较重要的项目是系统类型和系统版本，如图 2-10 所示。WinRAR 官网提供的安装程序下载地址为 https://www.winrar.com.cn，如图 2-11 所示，下载版本需与系统兼容。

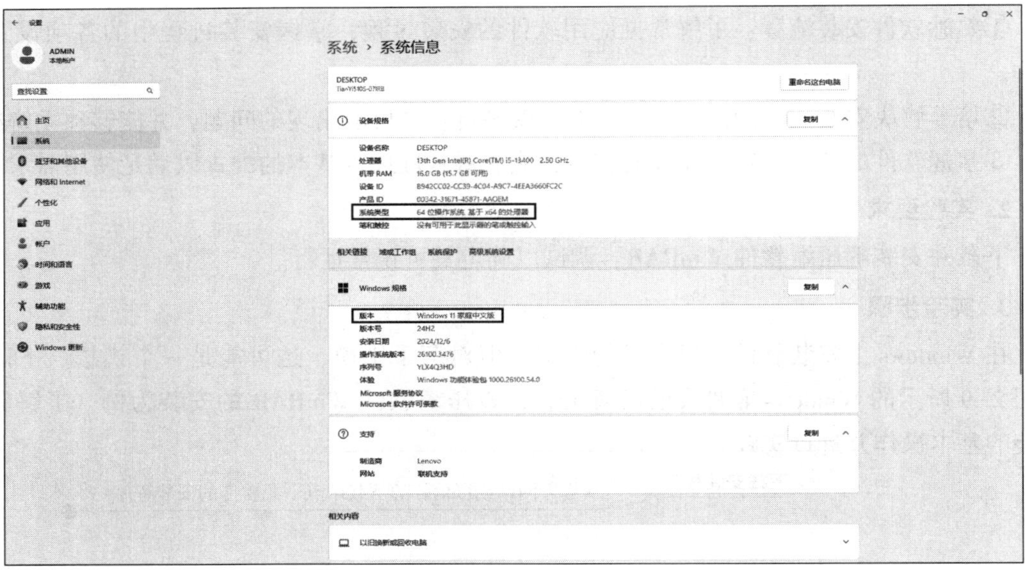

图 2-10　本机信息

图 2-11　下载 WinRAR 安装程序

2)打开安装程序

找到下载的安装程序，双击运行，如图2-12所示。运行安装程序前，建议关闭其他正在运行的不必要的程序，避免潜在的资源竞争、冲突或干扰，确保安装过程顺利进行。

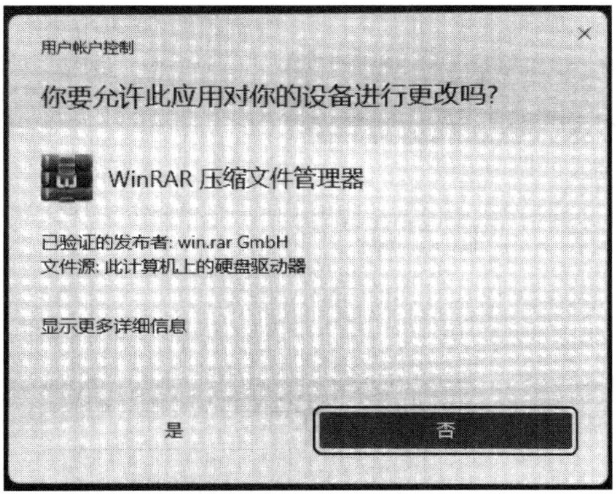
用户帐户控制
你要允许此应用对你的设备进行更改吗?
WinRAR 压缩文件管理器
已验证的发布者: win.rar GmbH
文件源: 此计算机上的硬盘驱动器
显示更多详细信息
是
否

图2-12　安装 WinRAR 软件1

3)同意软件条款

在同意软件条款前，务必仔细阅读软件条款，并确保理解其中的内容。若无异议，则继续后面的操作。

4)选择安装位置

根据个人需求选择软件的安装位置，一般建议选择非系统盘(C盘以外的磁盘)。本实验中，选择安装位置为D:\Program Files\WinRAR，如图2-13所示，单击“安装”按钮。

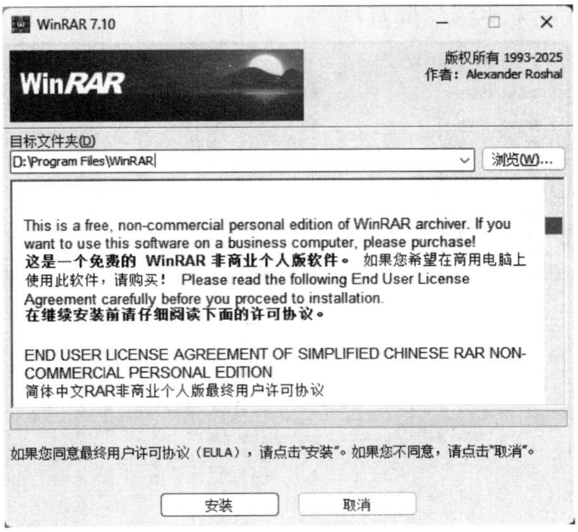
WinRAR 7.10
WinRAR
版权所有 1993-2025
作者：Alexander Roshal
目标文件夹(D)
D:\Program Files\WinRAR
浏览(W)...
This is a free, non-commercial personal edition of WinRAR archiver. If you want to use this software on a business computer, please purchase!
这是一个免费的 WinRAR 非商业个人版软件。 如果您希望在商用电脑上使用此软件，请购买！ Please read the following End User License Agreement carefully before you proceed to installation.
在继续安装前请仔细阅读下面的许可协议。
END USER LICENSE AGREEMENT OF SIMPLIFIED CHINESE RAR NON-COMMERCIAL PERSONAL EDITION
简体中文RAR非商业个人版最终用户许可协议
如果您同意最终用户许可协议（EULA），请点击"安装"。如果您不同意，请点击"取消"。
安装
取消

图2-13　安装 WinRAR 软件2

5)执行安装过程

严格按照安装向导的提示进行操作，不随意更改默认设置，除非用户明确知道更改的后果。本实验中软件较小，安装过程很短，几秒钟即可完成，安装过程中界面如图 2-14 所示。大型软件的安装可能需要几分钟或更长时间，用户应在安装过程中耐心等待，尽量不要进行其他操作。

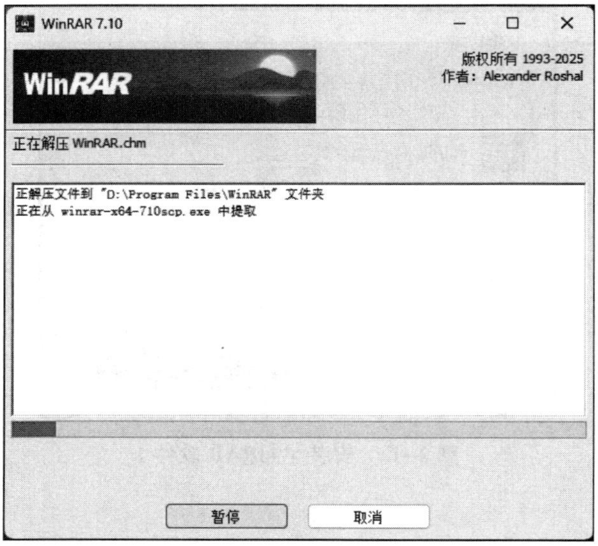

图 2-14　安装 WinRAR 软件 3

6) 创建桌面快捷方式

可以按照操作需求或使用习惯，为安装好的软件创建桌面快捷方式。可以选择在安装结束窗口中勾选相应的复选框，如图 2-15 所示；也可在安装完毕后手动创建桌面快捷方式，详细步骤参见实验 2-2 系统桌面管理。

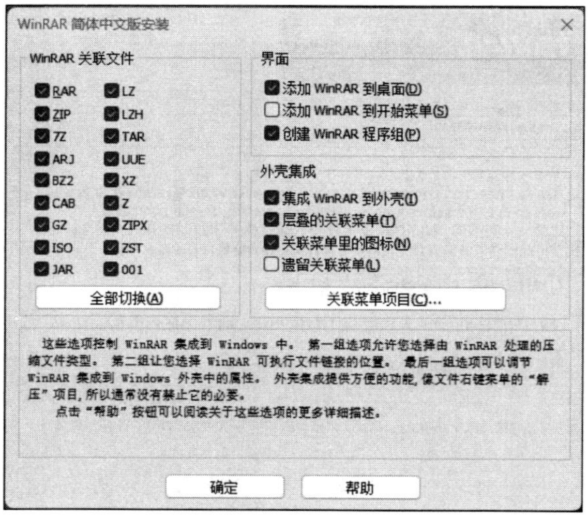

图 2-15　安装 WinRAR 软件 4

7) 完成安装

WinRAR 安装完成界面如图 2-16 所示。

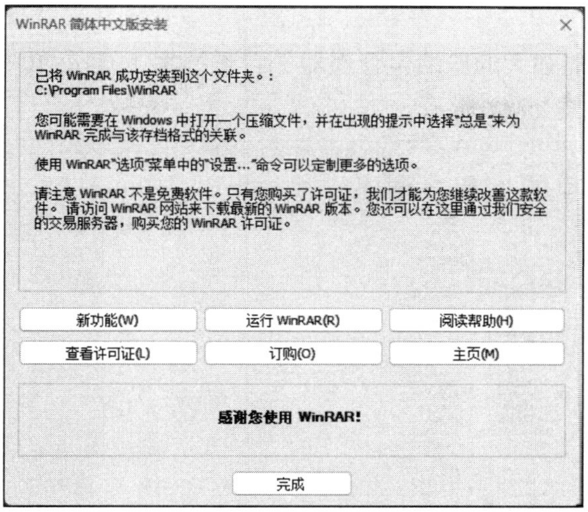
WinRAR 简体中文版安装
已将 WinRAR 成功安装到这个文件夹。:
C:\Program Files\WinRAR
您可能需要在 Windows 中打开一个压缩文件，并在出现的提示中选择"总是"来为 WinRAR 完成与该存档格式的关联。
使用 WinRAR"选项"菜单中的"设置..."命令可以定制更多的选项。
请注意 WinRAR 不是免费软件。只有您购买了许可证，我们才能为您继续改善这款软件。请访问 WinRAR 网站来下载最新的 WinRAR 版本。您还可以在这里通过我们安全的交易服务器，购买您的 WinRAR 许可证。
新功能(W)
运行 WinRAR(R)
阅读帮助(H)
查看许可证(L)
订购(O)
主页(M)
感谢您使用 WinRAR!
完成

图 2-16　安装 WinRAR 软件 5

4. 拓展任务

①下载适合本机使用的 Python 安装程序。

②在 D 盘安装 Python，调试以确认其可正常运行。

5. 补充阅读

1) Windows 软件安装常规流程

在日常使用计算机的过程中，经常需要在 Windows 中安装各种软件，如办公软件、游戏、浏览器等。安装软件虽然看似简单，但是有以下细节需要注意。

(1)准备安装程序：从官方网站或可靠的下载平台获取应用软件的安装程序。

①注意软件版本与计算机操作系统版本、硬件配置要求、实际工作需求的一致。

②安装程序一定要经过安全软件的安全扫描，确认无病毒、木马。

(2)运行安装程序：找到下载的安装程序，双击运行。

①运行安装程序前，关闭其他正在运行的不必要的程序，以避免冲突。

②安装时注意是否有捆绑安装其他软件。

③安装过程中保持计算机连接电源，防止因电量不足导致安装中断。

(3)阅读用户条款：在接受用户条款前，务必仔细阅读用户条款，并确保理解其中的内容。如无异议，再选择同意。

(4)选择安装路径：根据个人需求选择软件的安装位置，一般建议选择非系统盘。

(5)选择组件：根据实际需求选择需要安装的组件。

(6)执行安装过程：严格按照安装向导的提示进行操作，不随意更改默认设置，除非明确知道更改的后果。安装过程中耐心等待，不要进行其他操作。

(7)启动软件：安装完成后，在桌面或“开始”菜单中找到软件图标，启动软件。

(8)进行初步设置：根据个人使用习惯对软件进行初步的设置，如语言、界面布局等。

(9)测试功能：对软件的主要功能进行测试，确保其正常工作。

2) WinRAR 介绍

WinRAR 是一款功能强大的压缩包管理器，它是档案工具 RAR 在 Windows 环境下的图形界面工具，其窗口如图 2-17 所示。

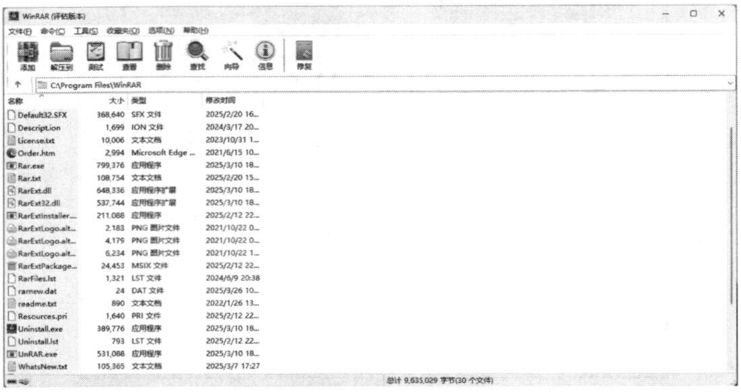

图 2-17　WinRAR 窗口

WinRAR 在压缩率和速度方面表现出色，特别是在处理多媒体文件时，提供了独特的高压缩率算法。此外，WinRAR 不仅支持 RAR 格式，还能直接处理 ZIP 格式，不需要外挂程序。WinRAR 介绍如图 2-18 所示，这些特点使其成为 Windows 平台上较受欢迎的压缩工具之一。

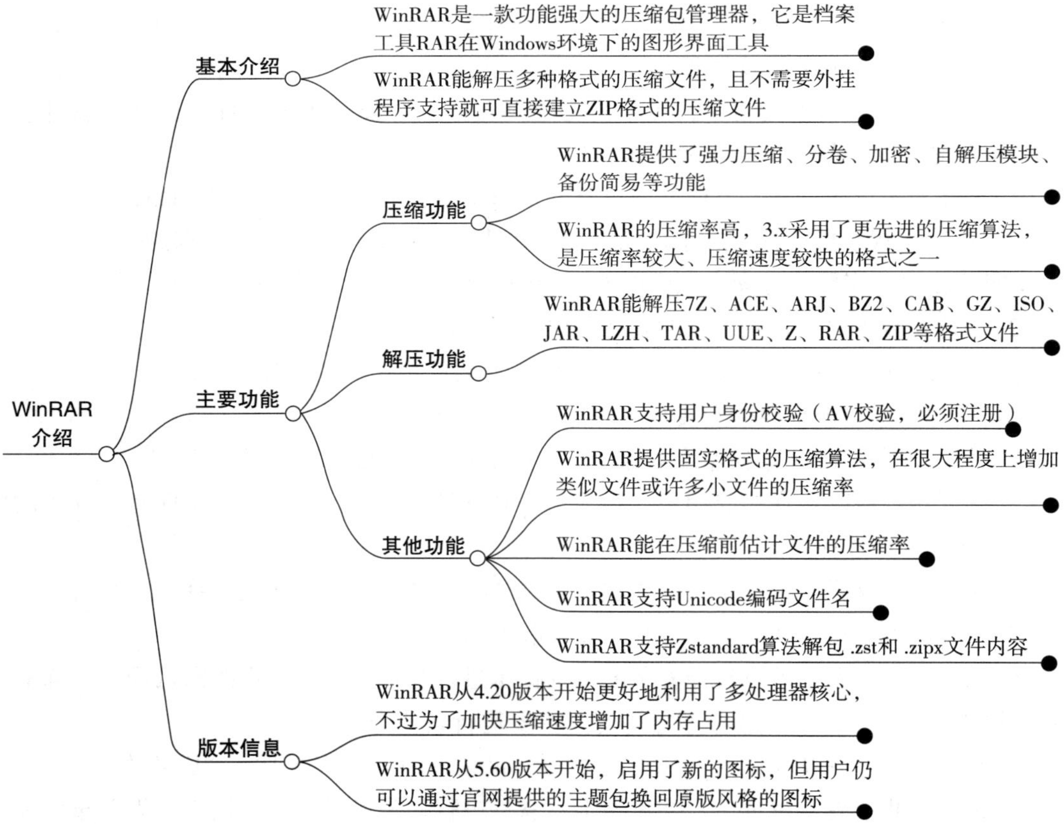
WinRAR
介绍
基本介绍
WinRAR是一款功能强大的压缩包管理器，它是档案工具RAR在Windows环境下的图形界面工具
WinRAR能解压多种格式的压缩文件，且不需要外挂程序支持就可直接建立ZIP格式的压缩文件
主要功能
压缩功能
WinRAR提供了强力压缩、分卷、加密、自解压模块、备份简易等功能
WinRAR的压缩率高，3.x采用了更先进的压缩算法，是压缩率较大、压缩速度较快的格式之一
解压功能
WinRAR能解压7Z、ACE、ARJ、BZ2、CAB、GZ、ISO、JAR、LZH、TAR、UUE、Z、RAR、ZIP等格式文件
其他功能
WinRAR支持用户身份校验（AV校验，必须注册）
WinRAR提供固实格式的压缩算法，在很大程度上增加类似文件或许多小文件的压缩率
WinRAR能在压缩前估计文件的压缩率
WinRAR支持Unicode编码文件名
WinRAR支持Zstandard算法解包 .zst和 .zipx文件内容
版本信息
WinRAR从4.20版本开始更好地利用了多处理器核心，不过为了加快压缩速度增加了内存占用
WinRAR从5.60版本开始，启用了新的图标，但用户仍可以通过官网提供的主题包换回原版风格的图标

图 2-18　WinRAR 介绍

实验 2-4 应用软件卸载

1. 实验目的

掌握计算机应用软件的卸载方法和流程。

2. 实验要求

卸载软件 WinRAR。

3. 实验步骤

在计算机的日常使用中，我们常需要安装各种软件来满足需求，但随着时间的推移，一些软件可能不再被需要。及时从计算机上卸载这些不需要的软件不仅可以释放计算机硬盘空间，还可提高计算机的运行速度。计算机软件卸载方式有多种，本实验中选择最常用的方法进行示范，即使用 Windows 控制面板卸载软件，流程如图 2-19 所示。图 2-19 所示流程是理论上的全流程，实际的软件卸载操作未必与其完全符合，如本实验的操作就比较简单。

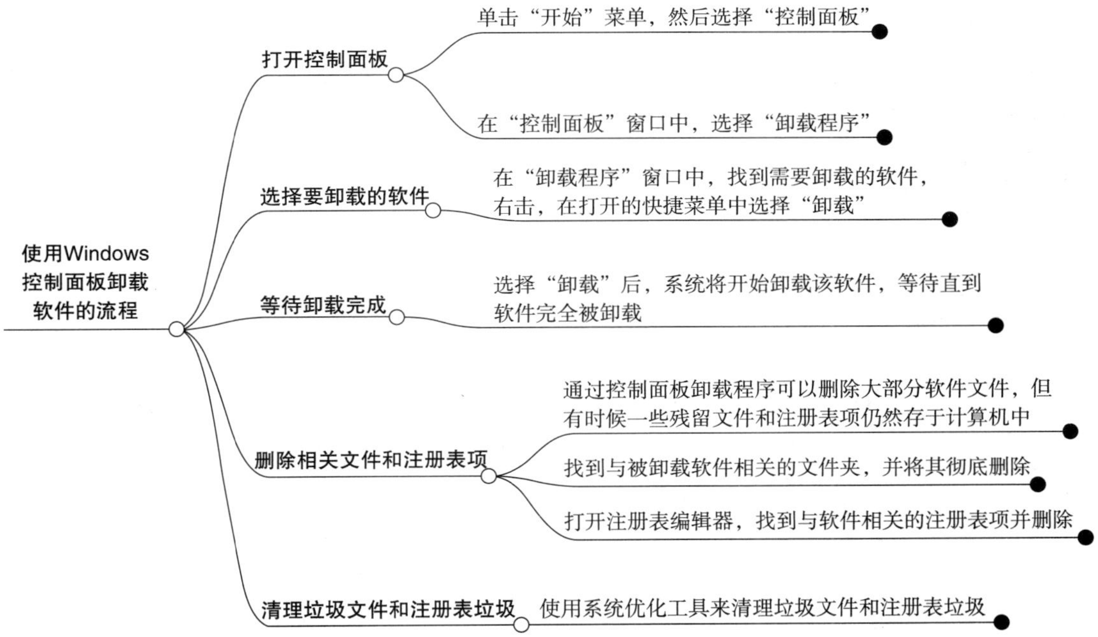
使用Windows
控制面板卸载
软件的流程
打开控制面板
单击“开始”菜单，然后选择“控制面板”
在“控制面板”窗口中，选择“卸载程序”
选择要卸载的软件
在“卸载程序”窗口中，找到需要卸载的软件，
右击，在打开的快捷菜单中选择“卸载”
等待卸载完成
选择“卸载”后，系统将开始卸载该软件，等待直到
软件完全被卸载
删除相关文件和注册表项
通过控制面板卸载程序可以删除大部分软件文件，但
有时候一些残留文件和注册表项仍然存于计算机中
找到与被卸载软件相关的文件夹，并将其彻底删除
打开注册表编辑器，找到与软件相关的注册表项并删除
清理垃圾文件和注册表垃圾
使用系统优化工具来清理垃圾文件和注册表垃圾

图 2-19 使用 Windows 控制面板卸载软件的流程

1) 打开控制面板

打开“开始”菜单，选择“控制面板”(若无法找到控制面板，可以利用“开始”菜单的顶

部搜索框进行搜索，具体步骤见实验 2-5 的实验步骤第 1 步）。“控制面板”窗口如图 2-20 所示，选择“卸载程序”。

图 2-20　使用控制面板卸载程序 1

2）选择要卸载的软件

在“卸载程序”窗口中，找到要卸载的软件（本实验中为 WinRAR），如图 2-21 所示，右击 WinRAR，在打开的快捷菜单中选择“卸载”。

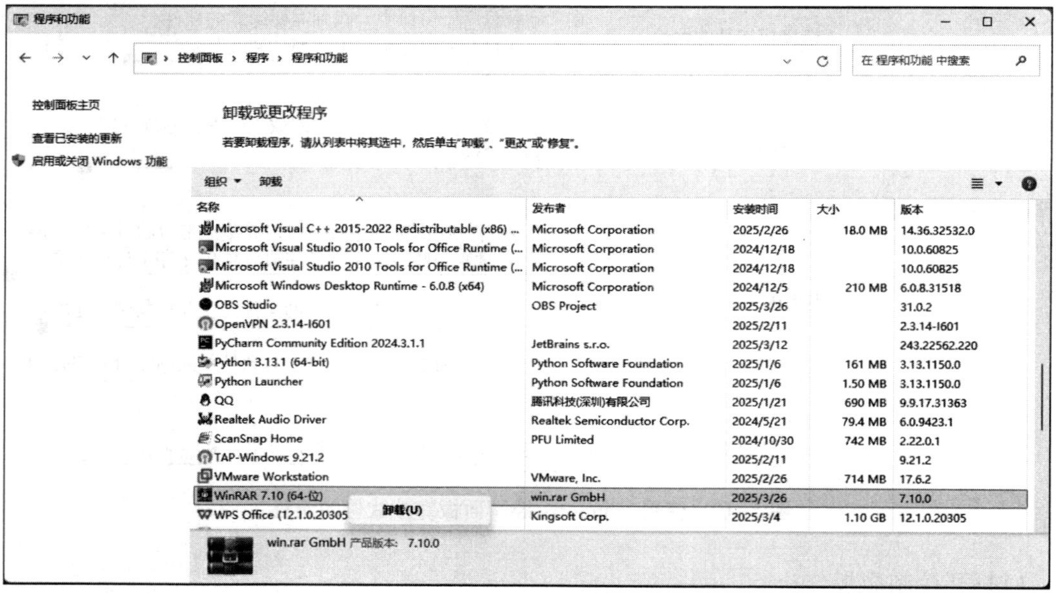

图 2-21　使用控制面板卸载程序 2

3) 等待卸载完成

单击“是”按钮确认卸载后(见图 2-22)，等待卸载完成(见图 2-23)。卸载完成后，需要重新启动 Windows 来完全卸载 WinRAR。

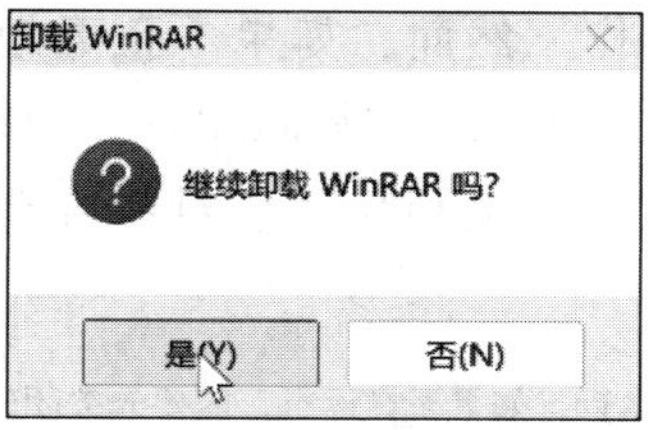

图 2-22 使用控制面板卸载程序 3

图 2-23 使用控制面板卸载程序 4

4) 删除相关文件

程序被卸载后，在其安装位置往往会有残留文件，需要手动找到软件的安装目录并删除相关的文件及文件夹，如图 2-24 所示。

图 2-24 删除残留文件

4. 拓展任务

卸载本计算机安装的防病毒程序。

5. 补充阅读

1) 三种常用的软件卸载方式

①通过控制面板卸载程序：具体步骤如前所述。

②在“开始”菜单中直接卸载：一些软件在安装时也把对应的卸载工具加载到了“开始”菜单中。在“开始”菜单中单击要卸载的软件所对应的卸载工具并按提示操作即可完成卸载。

③直接删除文件夹：对于一些免安装的软件，可以直接删除其文件夹来实现卸载。

这些软件通常只需双击 EXE 格式的程序即可使用。卸载时，只需删除整个软件文件夹即可。

2) 软件卸载注意事项

在 Windows 中，卸载应用软件是一个常见的维护操作。然而，如果不正确地进行卸载，可能会留下残留文件，甚至影响系统的稳定性。图 2-25 所示是 Windows 应用软件卸载时的注意事项，操作时请多加注意，以确保软件卸载过程顺利且不会对系统造成不良影响。

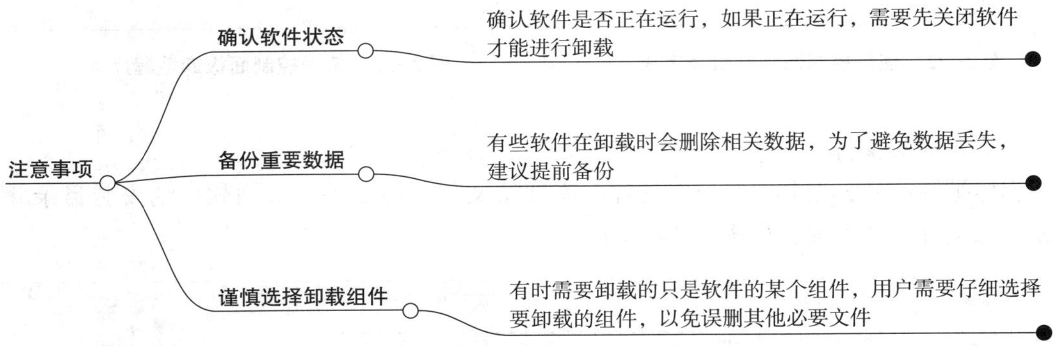
注意事项
确认软件状态
确认软件是否正在运行，如果正在运行，需要先关闭软件才能进行卸载
备份重要数据
有些软件在卸载时会删除相关数据，为了避免数据丢失，建议提前备份
谨慎选择卸载组件
有时需要卸载的只是软件的某个组件，用户需要仔细选择要卸载的组件，以免误删其他必要文件

图 2-25　Windows 应用软件卸载时注意事项

实验 2-5　创建和管理账户

1. 实验目的

掌握 Windows 用户账户①(以下简称“账户”)的管理方法，包括创建、更改设置，以及删除账户。

2. 实验要求

检查本机当前账户类型，再创建一个本地账户。

3. 实验步骤

1) 检查本机当前账户类型

打开“开始”菜单，在顶部搜索框中输入“控制面板”，选择“打开”(见图 2-26)，在弹出的“所有控制面板项”窗口中选择“用户帐户”(见图 2-27)，在打开的“用户账户”窗口中将显示本机当前的账户类型(见图 2-28)。

①计算机界面中多用“帐户”，规范起见，本书正文一律使用“账户”。

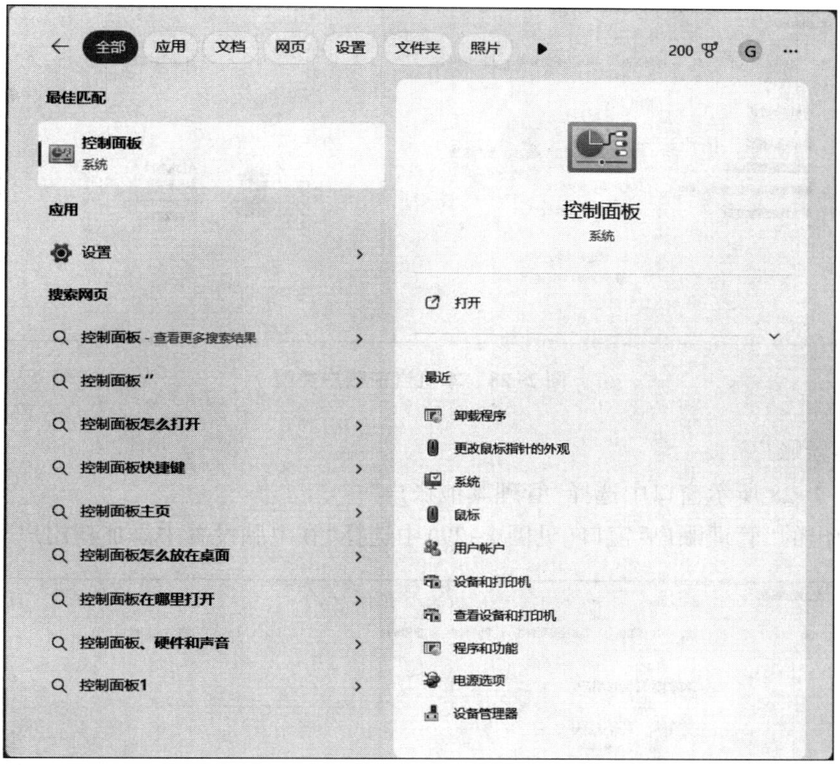

图 2-26 检查本机当前账户类型 1

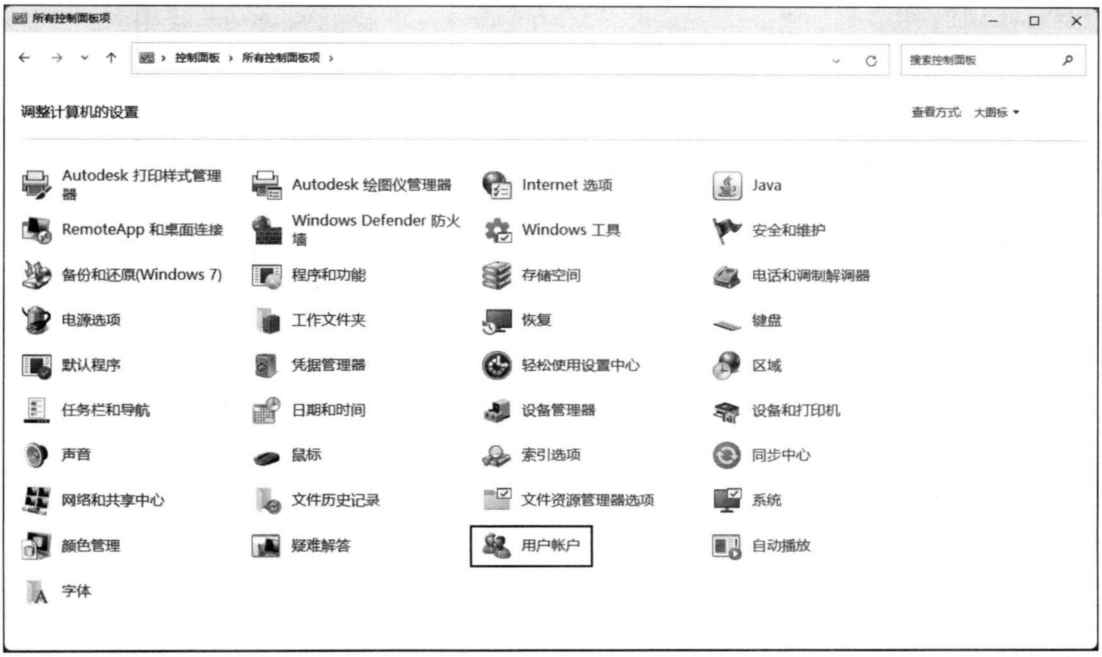

图 2-27 检查本机当前账户类型 2

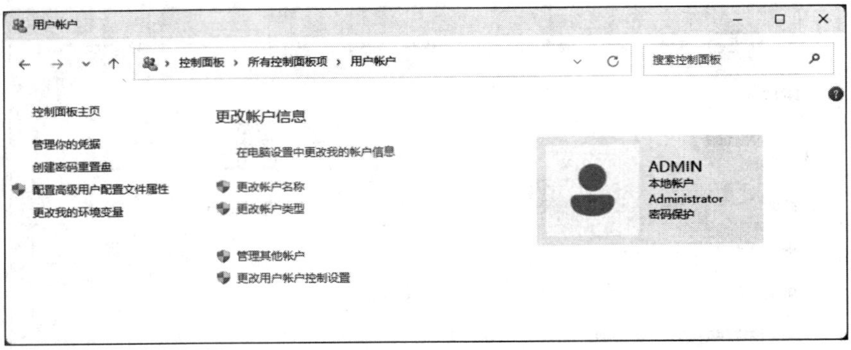

图 2-28　本机当前账户类型

2) 创建新账户

①在图 2-28 所示窗口中选择“管理其他账户”。

②在弹出的“管理账户”窗口(见图 2-29)中选择“在电脑设置中添加新用户”。

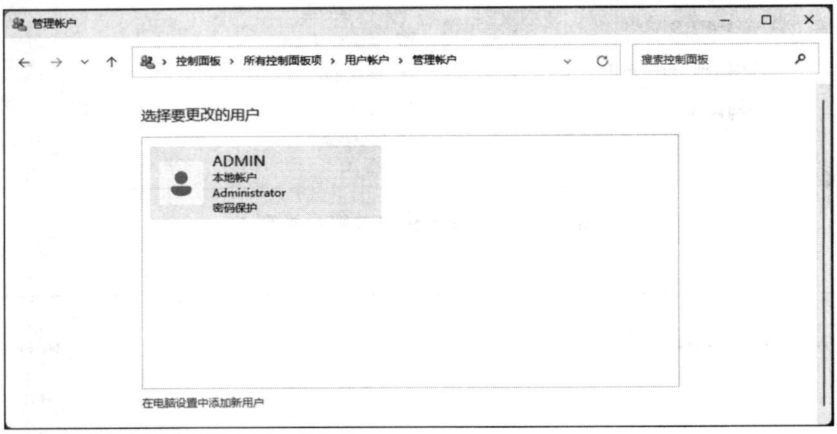

图 2-29　“管理账户”窗口

③按照提示完成新账户的创建过程，步骤可参见图 2-30、图 2-31。

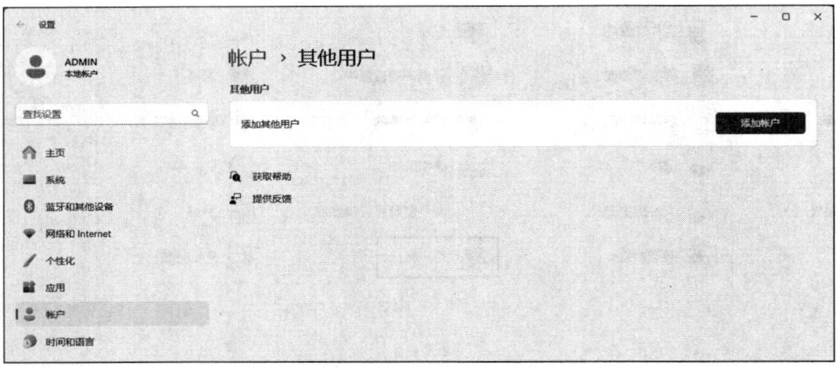

图 2-30　Windows 创建新账户 1

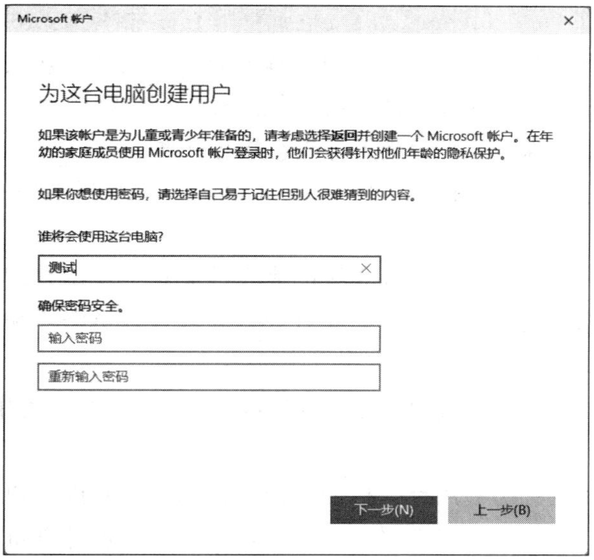

图 2-31　Windows 创建新账户 2

3) 更改用户账户设置

①在“管理账户”窗口中选择需要修改的用户账户，打开“更改账户”窗口，如图 2-32 所示。

②根据需要调整账户类型、设置新密码或者上传新的头像图片。

图 2-32　“更改账户”窗口

4) 删除账户

①使用具有管理员权限的账户登录。

②选择要删除的非当前登录账户，打开“更改账户”窗口(见图 2-32)，然后选择“删除账户”，按照系统提示完成账户删除操作。

4. 补充阅读

在 Windows 系统中，存在多种不同类型的账户，每种账户都有其特定的用途和权限，如图 2-33 所示。以下是 Windows 系统中三种常用类型账户的介绍。

1）标准用户账户

特点：标准用户账户是Windows系统中最基本的账户类型。它允许用户访问和运行应用程序、保存文件以及使用一些基本的系统功能。标准用户账户对系统的关键设置和文件没有修改权限，这有助于保护系统免受无意或恶意的更改。

适用场景：对日常使用计算机的用户来说，标准用户账户通常是一个好的选择。

2）管理员账户

特点：管理员账户具有对Windows系统的完全控制权。使用管理员账户，用户可以安装和删除软件、修改系统设置、访问所有文件等。如果管理员账户被恶意利用，可能会对系统造成严重的损害。

适用场景：通常建议只在必要时使用管理员账户，并在使用过程中保持安全警惕。

3）来宾账户

特点：来宾账户是为临时使用计算机的用户设计的。它允许用户访问一些基本的系统功能，但不允许他们保存文件或更改系统设置。这有助于保护计算机上其他用户的数据和隐私。

适用场景：如果你经常需要与他人共享计算机，但又不希望他们访问你的个人文件或更改你的设置，来宾账户是一个不错的选择。

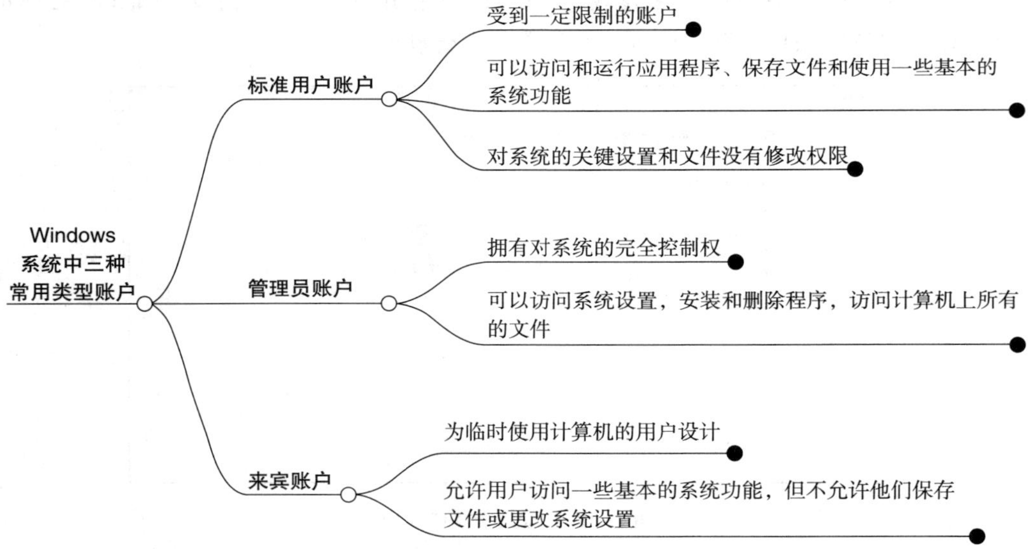
Windows
系统中三种
常用类型账户
标准用户账户
受到一定限制的账户
可以访问和运行应用程序、保存文件和使用一些基本的系统功能
对系统的关键设置和文件没有修改权限
管理员账户
拥有对系统的完全控制权
可以访问系统设置，安装和删除程序，访问计算机上所有的文件
来宾账户
为临时使用计算机的用户设计
允许用户访问一些基本的系统功能，但不允许他们保存文件或更改系统设置

图 2-33　Windows 系统中三种常用类型账户

理解并正确管理Windows系统中的账户类型是确保系统安全和用户体验的重要部分。通过选择合适的账户类型，可以确保每个用户只能访问他们所需的信息和功能，同时保护系统免受无意或恶意的更改。在使用Windows系统时，应该始终了解当前登录的账户类型以及其对应的权限级别，以便根据需要做出相应的调整。

实验 2-6 清理垃圾文件

1. 实验目的

掌握清理垃圾文件的方法和技巧，提升维护计算机的实际操作能力。

2. 实验要求

清理操作系统所在磁盘分区中的垃圾文件。

3. 实验步骤

清理垃圾文件对于维护计算机的正常运行、保护用户数据安全以及提高工作效率都有着积极的作用。因此，建议用户定期进行垃圾文件的清理工作，以保持计算机的良好状态。

1)准备工作

①确认实验环境，包括使用的计算机系统版本、已安装的软件等。了解不同操作系统下垃圾文件的可能存储位置，常见的垃圾文件包括临时文件、缓存文件、回收站文件等。

②准备好必要的工具，如磁盘清理工具(如 Windows 自带的磁盘清理工具)、第三方清理软件(如 CCleaner 等)。

2)手动清理常见垃圾文件

①清理临时文件：打开“运行”对话框(打开“运行”对话框的快捷键为 Win+R)，输入“%temp%”(见图 2-34)，访问临时文件夹，并手动删除其中的文件。

②清理缓存文件：针对不同的应用程序或浏览器，进入其设置界面执行清理缓存的操作。

③清空回收站：右击“回收站”图标，在打开的快捷菜单中选择“清空回收站”，如图 2-35 所示。

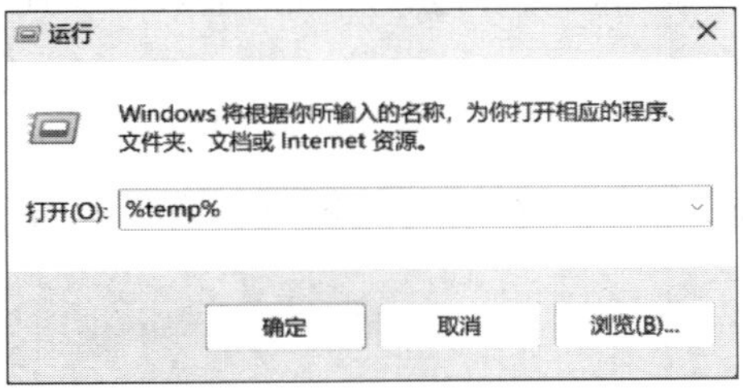

图 2-34 “运行”对话框界面

图 2-35 清空回收站

3)使用工具自动清理

方法 1：打开操作系统自带的磁盘清理工具，如 Windows 自带的磁盘清理工具。选择要清理的驱动器，按照提示选择要删除的文件类型。

启动路径：打开“开始”菜单，在搜索栏中输入“磁盘清理”，打开步骤如图 2-36 所示。磁盘清理窗口如图 2-37 所示。

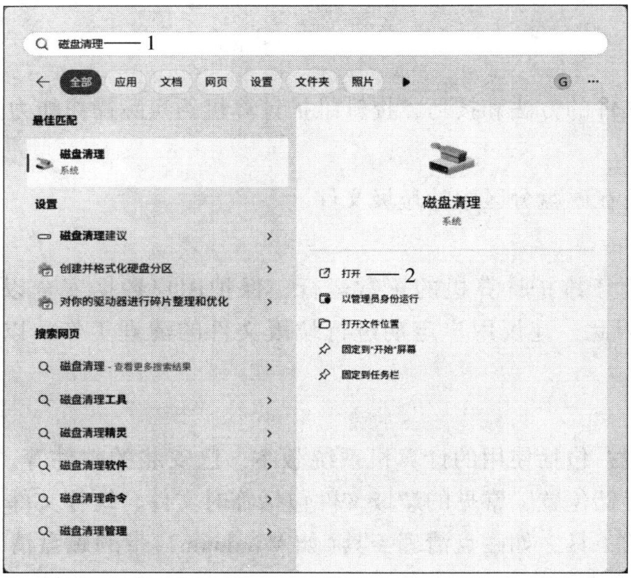

图 2-36　磁盘清理启动路径

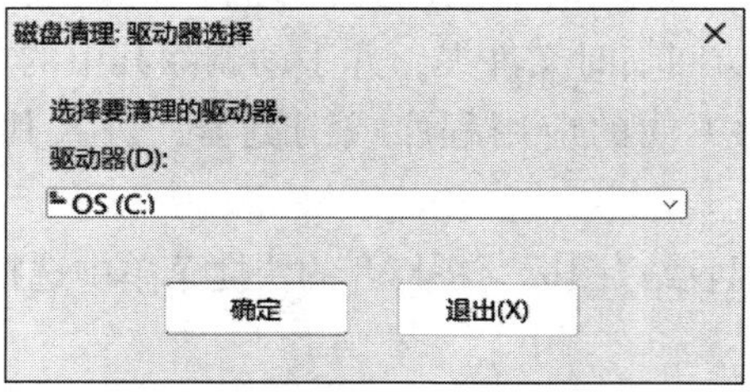

图 2-37　磁盘清理窗口

方法 2：选择可靠的第三方清理软件，如 CCleaner 等，进行正确的安装和设置后，扫描并清理系统中的垃圾文件。

4)检查清理效果

清理完成后，重新查看磁盘空间使用情况，检查系统运行速度是否有所提升。如发现问题或误删重要文件，及时采取恢复措施。

4. 拓展任务

下载并安装系统清理软件 CCleaner，清理本机垃圾文件。CCleaner 的官网地址为 https://www.ccleaner.com。

5. 补充阅读

在使用 Windows 的过程中，随着不断地进行安装和卸载软件、浏览网页等活动，计算机中会产生大量的垃圾文件。这些垃圾文件不仅占用磁盘空间，还可能导致系统运行缓慢。因此，定期清理垃圾文件是非常必要的。图 2-38 中展示了几种有效的清理方法。

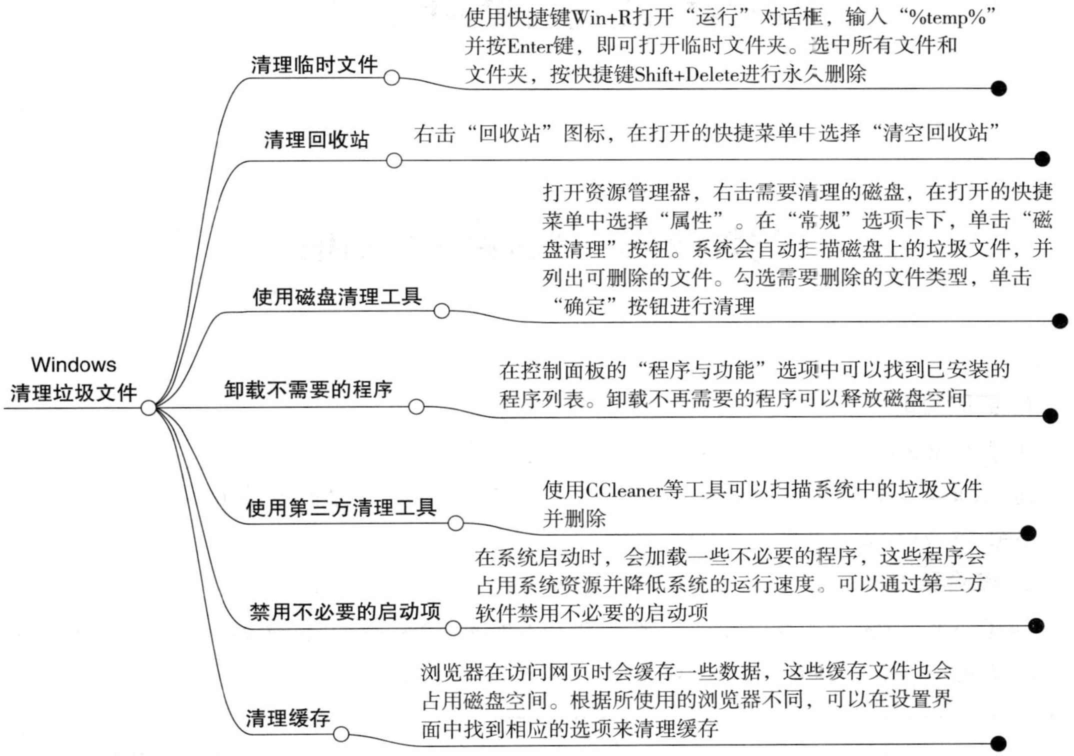
Windows
清理垃圾文件
清理临时文件
使用快捷键Win+R打开“运行”对话框，输入“%temp%”并按Enter键，即可打开临时文件夹。选中所有文件和文件夹，按快捷键Shift+Delete进行永久删除
清理回收站
右击“回收站”图标，在打开的快捷菜单中选择“清空回收站”
使用磁盘清理工具
打开资源管理器，右击需要清理的磁盘，在打开的快捷菜单中选择“属性”。在“常规”选项卡下，单击“磁盘清理”按钮。系统会自动扫描磁盘上的垃圾文件，并列出可删除的文件。勾选需要删除的文件类型，单击“确定”按钮进行清理
卸载不需要的程序
在控制面板的“程序与功能”选项中可以找到已安装的程序列表。卸载不再需要的程序可以释放磁盘空间
使用第三方清理工具
使用CCleaner等工具可以扫描系统中的垃圾文件并删除
禁用不必要的启动项
在系统启动时，会加载一些不必要的程序，这些程序会占用系统资源并降低系统的运行速度。可以通过第三方软件禁用不必要的启动项
清理缓存
浏览器在访问网页时会缓存一些数据，这些缓存文件也会占用磁盘空间。根据所使用的浏览器不同，可以在设置界面中找到相应的选项来清理缓存

图 2-38 Windows 清理垃圾文件

第 3 章

WPS 文字处理实验

实验 3-1　文本输入和编辑

1. 实验目的

①掌握 WPS 文字的启动、退出方法，熟悉其界面。

②熟练掌握 WPS 文字文档的打开、创建、输入、保存、保护等操作。

③熟悉 WPS 文字文档基本编辑操作。

2. 实验要求

创建一个 WPS 文字空白文档，录入图 3-1 所示文字，将文件命名为“你准备好迎接人工智能了吗.docx”，保存在“D:\WPS”下，并按以下要求修改。

> 《人工智能》(artificial intelligence)的发展已经深入到我们生活的各个方面，带来了生活上的便捷和工作效率的提高。随着技术的进步，AI在各个领域的应用越来越广泛，从AI聊天应用到图像生成，从无人机送餐到机器人服务员，AI正在改变我们的生活和工作方式。
>
> 为了更好地迎接《人工智能》时代，我们需要不断提升自己的技能，了解和学习AI的相关知识，以便更好地利用这些技术为我们的生活和工作服务。社会和政府也需要制定相关政策和法规，确保AI技术的发展惠及所有人，减少其带来的负面影响。

图 3-1　“你准备好迎接人工智能了吗”案例文本

①首行添加文章标题：你准备好迎接人工智能了吗。

②将文中的书名号改为双引号。

③将文中所有的“AI”改为“人工智能”。

④将“无人机送餐”和“机器人服务员”位置互换。

⑤在“社会和政府”前补充“同时,”。

⑥将文中全部句号的颜色设为红色。

3. 实验步骤

创建一个 WPS 文字空白文档，按要求录入文字后将其命名为“你准备好迎接人工智能了吗 . docx”，保存在“D:\WPS”下。

①将光标移动到首段第一个文字前，按 Enter 键，在新行中输入文字标题“你准备好迎接人工智能了吗”。

②将光标置于文章开始处，在“开始”选项卡中选择“查找替换”→“替换”，在“查找和替换”对话框的“查找内容”和“替换为”组合框中分别输入左书名号《和左引号“，然后单击“全部替换”按钮即可完成左书名号的替换。替换右书名号的方法相同。

③将光标置于文章开始处，在“开始”选项卡中选择“查找替换”→“替换”，在“查找和替换”对话框的“查找内容”和“替换为”组合框中分别输入“AI”和“人工智能”，然后单击“全部替换”按钮。

④选中要移动位置的内容，按住鼠标左键不放，将选中的内容拖动到目标位置后松开鼠标左键；也可以选中要移动位置的内容后进行剪切，将光标置于目标位置后粘贴。

⑤将光标置于“社会和政府”前，然后输入“同时，”。

⑥将光标置于文章开始处，在“开始”选项卡中选择“查找替换”→“替换”，在“查找和替换”对话框的“查找内容”和“替换为”组合框中均输入句号“。”，选择“替换为”组合框下面的“格式”→“字体”，将“字体颜色”设为“红色”，最后单击“全部替换”按钮。

4. 拓展任务

1) 任务一

创建一个 WPS 文字空白文档，录入图 3-2 所示文字，将文件命名为“李白诗词赏析 . docx”，保存在“D:\WPS”下，并按以下要求修改。

“夜宿山寺”危楼高百尺，手可摘星辰。不敢高声语，恐惊天上人。
“望庐山瀑布”飞流直下三千尺，疑是银河落九天。
“早发白帝城”朝辞白帝彩云间，千里江陵一日还。两岸猿声啼不住，轻舟已过万重山。
“静夜思”床前明月光，疑是地上霜。举头望明月，低头思故乡。
“黄鹤楼送孟浩然之广陵”故人西辞黄鹤楼，烟花三月下扬州。孤帆远影碧空尽，唯见长江天际流。

图 3-2 任务一文本

①首行添加文章标题：李白诗词赏析。

②将所有诗名的双引号改为书名号，并在诗名后空两格。

③将《静夜思》和《夜宿山寺》两首诗位置互换。

④将《望庐山瀑布》的前两句补全。

⑤将文中全部逗号和句号的颜色设为红色。

2)任务二

创建一个 WPS 文字空白文档，输入一首包含中、英文的歌曲的歌词，将文件命名为“歌曲 . docx”，保存在“D:\WPS”下。要求在输入法的全角状态下录入英文。

5. 补充阅读

1)WPS Office 简介

WPS Office 是我国市场上广受欢迎的一款办公软件套装，由北京金山办公软件股份有限公司(简称金山办公)自主研发，涵盖了文字处理、电子表格处理、演示文稿处理等多种办公功能。WPS Office 以其较低的内存占用率、极快的运行速度和强大的插件平台支持而著称。它不仅支持阅读和输出 PDF 文件，还全面兼容微软 Office 的各种文件格式。此外，WPS Office 还提供了在线存储空间和文档模板，方便用户进行文档管理和分享(更多功能详见图 3-3)。

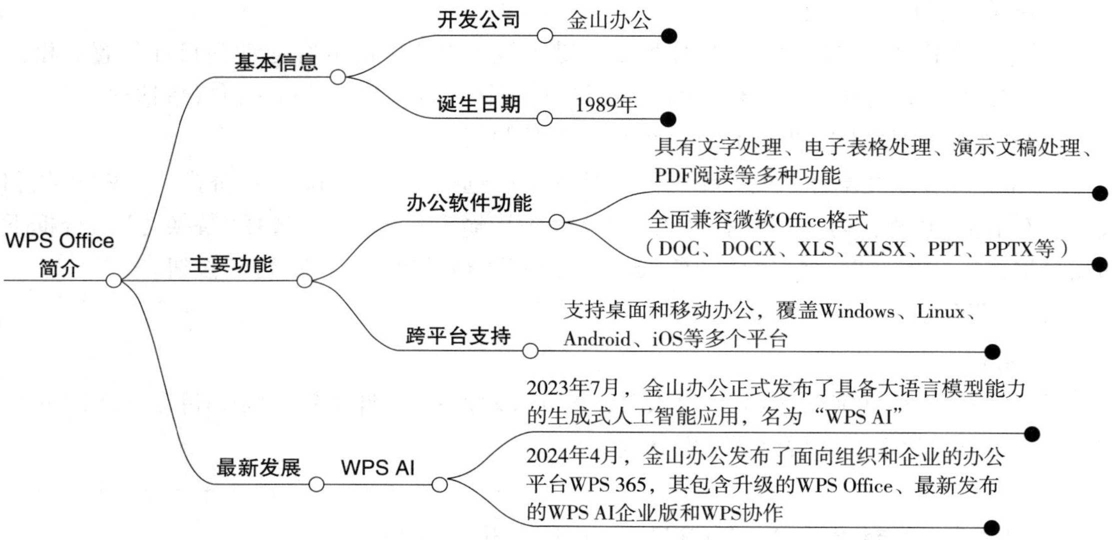

WPS Office 简介
基本信息
开发公司
金山办公
诞生日期
1989年
主要功能
办公软件功能
具有文字处理、电子表格处理、演示文稿处理、PDF阅读等多种功能
全面兼容微软Office格式（DOC、DOCX、XLS、XLSX、PPT、PPTX等）
跨平台支持
支持桌面和移动办公，覆盖Windows、Linux、Android、iOS等多个平台
最新发展
WPS AI
2023年7月，金山办公正式发布了具备大语言模型能力的生成式人工智能应用，名为“WPS AI”
2024年4月，金山办公发布了面向组织和企业的办公平台WPS 365，其包含升级的WPS Office、最新发布的WPS AI企业版和WPS协作

图 3-3　WPS Office 简介

自 1989 年推出以来，WPS Office 经历了多次更新和改进。2020 年，教育部考试中心宣布 WPS Office 成为全国计算机等级考试(NCRE)的二级考试科目之一，进一步提升了其在教育领域的影响力。2023 年，金山办公发布了具备大语言模型能力的生成式人工智能应用，名为“WPS AI”，标志着 WPS 在智能化办公方向上的重要进展。随着技术的进步，WPS Office 也在不断地创新和发展，以适应现代办公环境的需求。

2)WPS Office 窗口介绍

WPS Office 的窗口如图 3-4 所示，各部位介绍如表 3-1 所示。WPS Office 还提供了多种窗口管理功能，以提高用户的操作效率，相关介绍如表 3-2 所示。此外，WPS 文字还提供了导航窗格，帮助用户快速定位文档中的特定内容。

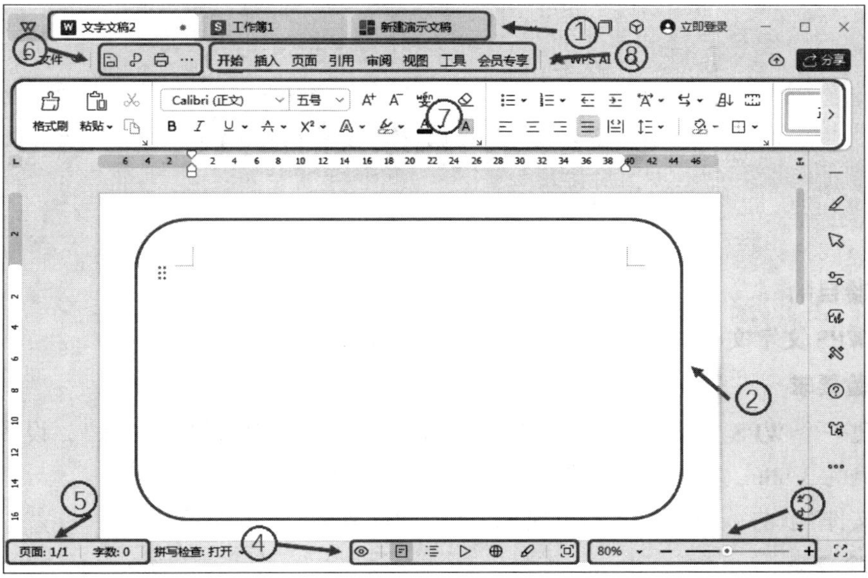

图 3-4 WPS Office 窗口

表 3-1 WPS Office 窗口各部位介绍

部位	说明	图 3-4 中的编号
标题栏	显示当前文档的名称和应用程序的图标	①
页面工作区	用于显示和编辑文档内容的区域	②
视图缩放工具栏	允许用户放大或缩小文档视图	③
视图切换工具栏	提供不同的视图模式，如页面视图、大纲视图等的切换按钮	④
状态栏	显示当前文档的状态信息，如页码、字数等	⑤
快速访问工具栏	包含常用的工具按钮，方便用户快速访问	⑥
功能区	由选项卡和命令组成，提供各种功能的操作入口	⑦、⑧

表 3-2 WPS Office 窗口管理功能介绍

功能	说明
标签页功能	将多个文档以标签页的形式展示在一个窗口下，方便在不同文档间切换
多窗口模式	同时打开多个独立的窗口，每个窗口可以显示不同的文档
窗口置顶	通过快捷键、菜单或任务栏等，将某个窗口始终保持在最前面

综上所述，WPS Office 的窗口设计旨在提供便捷的操作体验和高效的文档管理能力。用户可以利用这些窗口功能提升办公效率。

实验 3-2 设置文档密码

1. 实验目的

掌握 WPS 文字文档的定时备份和密码保护功能。

2. 实验要求

①创建一个 WPS 文字空白文档，保存文件并将其命名为“歌曲 . docx”，设置其定时备份时间间隔为 3 min，文本内容为你喜欢的一首歌曲的歌词。

②为文件“歌曲 . docx”设置打开密码“abc”和修改密码“cba”。

3. 实验步骤

①启动 WPS 文字，创建一个空白文档，按要求命名后保存。

②设置定时备份时间间隔。

方法 1：单击窗口左上角的“文件”按钮，选择“备份与恢复”→“备份中心”→“本地备份设置”→“定时备份”，如图 3-5 所示。

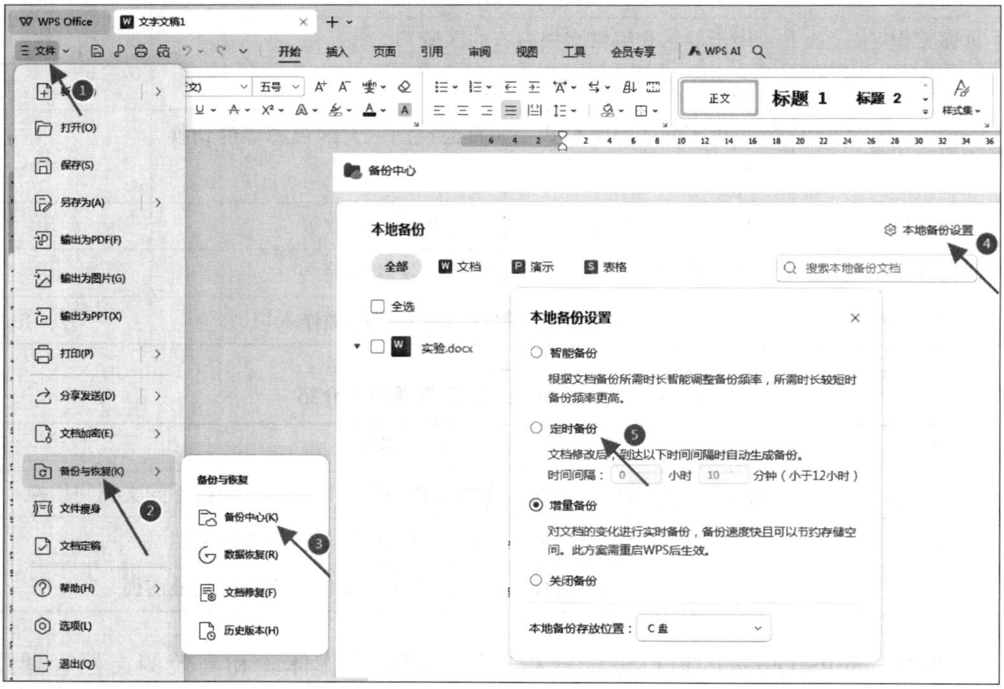

图 3-5　定时备份的设置 1

方法2：操作路径为窗口左上角的“WPS Office”选项卡→“全局设置”→“设置”→“打开备份中心”→“本地备份设置”→“定时备份”，如图3-6、图3-7所示。

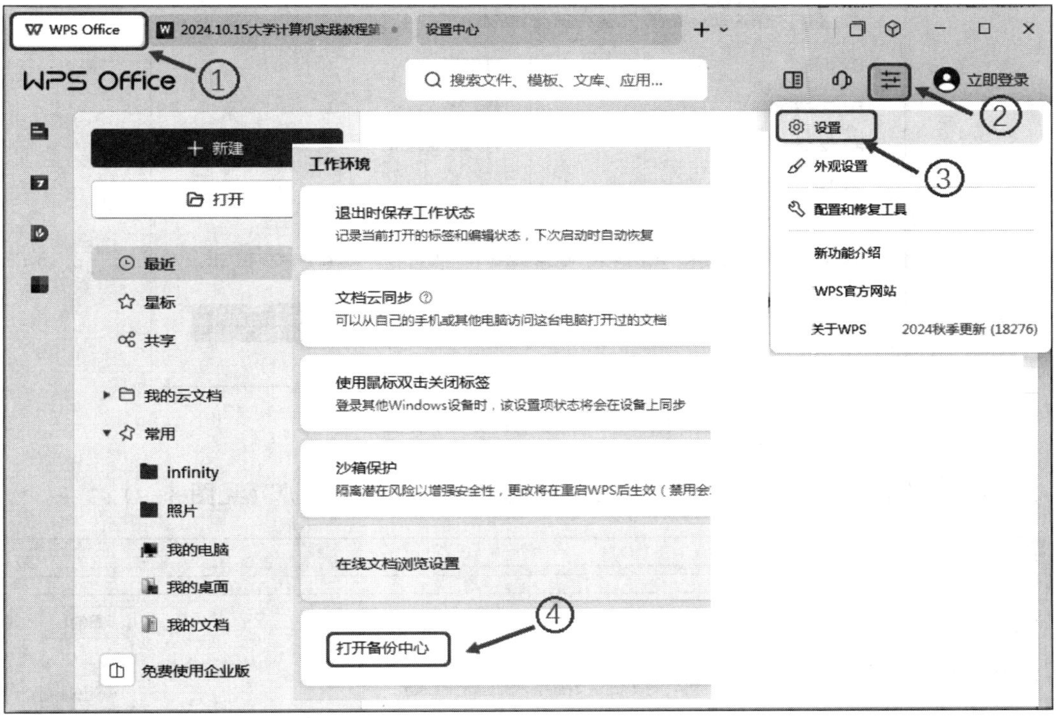

图3-6　定时备份的设置2

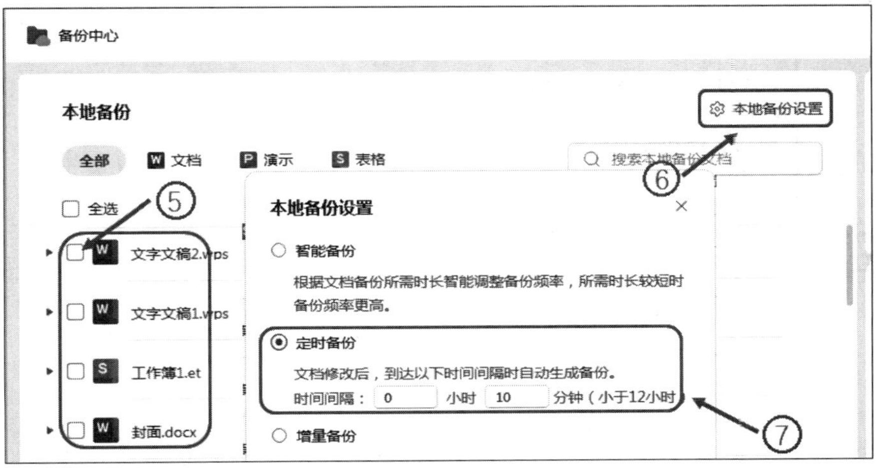

图3-7　定时备份的设置3

③进行文档内容的录入、编辑。

④设置密码保护功能。

方法1：操作路径为单击窗口左上角的“文件”→“文档加密”→“密码加密”（见图3-8）。

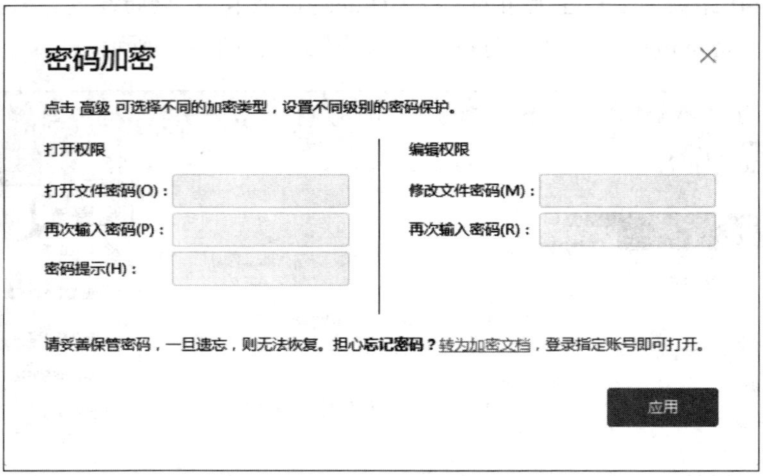

图 3-8　“密码加密”对话框

方法 2：操作路径为“文件”→“选项”→“安全性”→“密码保护”(见图 3-9)。

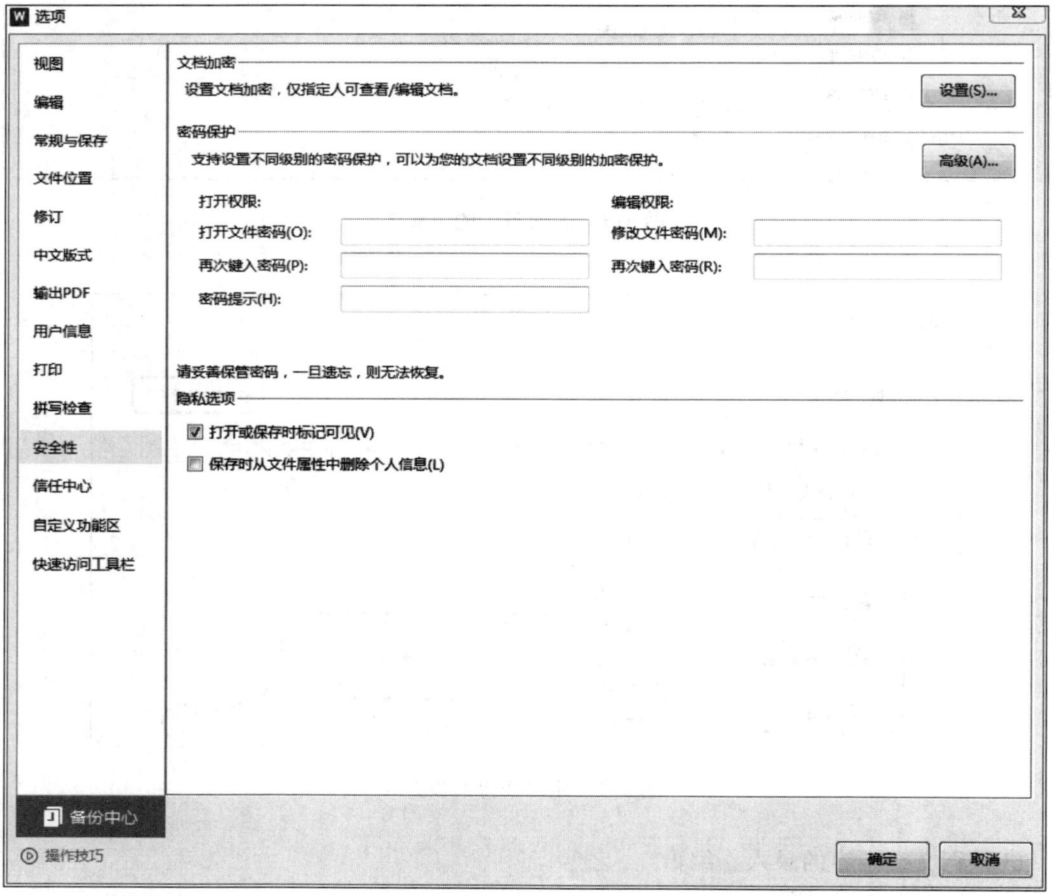

图 3-9　“选项”对话框

密码一旦遗忘，就很难找回，所以要妥善保管密码。如果担心会忘记密码，最好还是将文档设置为私密保护模式。转为私密文档后，只有登录账号才可以打开文档，也很安全。WPS Office 文档密码设置的总结如图 3-10 所示。

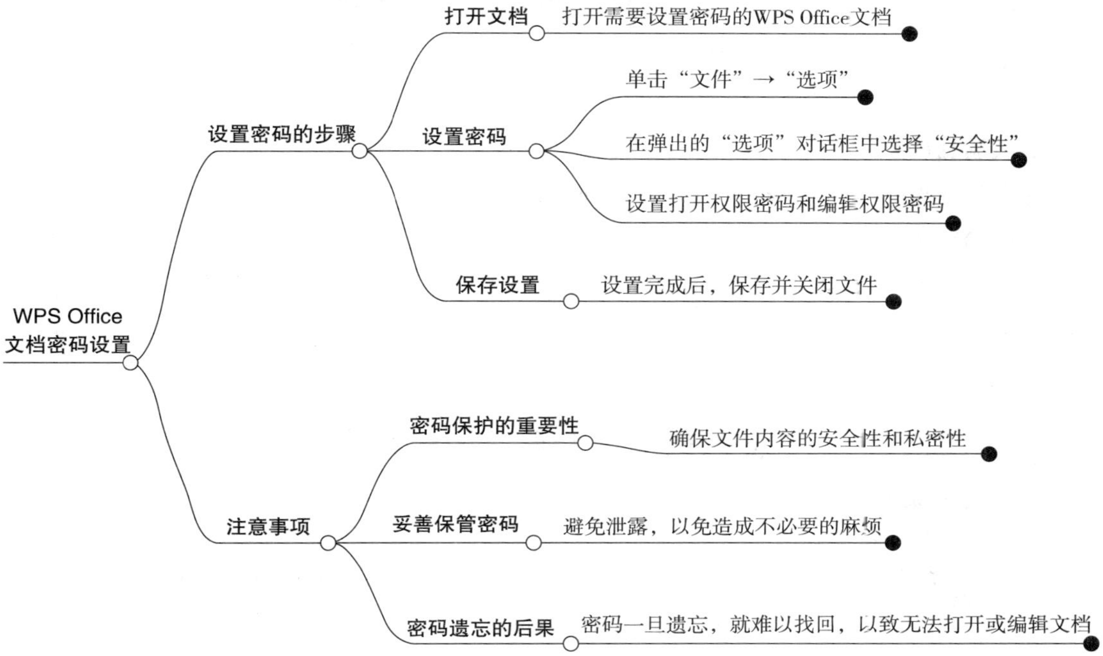
打开文档
打开需要设置密码的WPS Office文档
单击“文件”→“选项”
设置密码的步骤
设置密码
在弹出的“选项”对话框中选择“安全性”
设置打开权限密码和编辑权限密码
保存设置
设置完成后，保存并关闭文件
WPS Office
文档密码设置
密码保护的重要性
确保文件内容的安全性和私密性
注意事项
妥善保管密码
避免泄露，以免造成不必要的麻烦
密码遗忘的后果
密码一旦遗忘，就难以找回，以致无法打开或编辑文档

图 3-10　WPS Office 文档密码设置

4. 拓展任务

下载和安装手机版 WPS Office，进行密码锁定设置。

5. 补充阅读

为 WPS Office 文档设置密码的作用主要有以下三个方面。

1)保护文档内容隐私

当文档包含敏感信息(如个人隐私、商业机密、机密文件等)时，设置密码可以阻止未经授权的人员打开文档查看内容，有效保护了隐私信息不被泄露。

2)防止文档内容被篡改

在 WPS Office 文档中设置编辑权限密码，除了可以限制他人打开文档，还能防止他人随意修改文档内容。在多人协作场景下，如果文档已经定稿或者有特定的编辑权限安排，设置编辑密码可确保文档的完整性，避免内容被误改或恶意篡改。

3)保障文档的安全性

在信息安全日益重要的环境下，为文档设置密码就为文档内容增加了一道安全防线。无论是文档在本地存储还是在网络传输过程中(如共享文件、发送邮件附件等情况)，密码就像一把锁，减少了文档被非法获取或操作的风险。

实验 3-3 文档版面编排

1. 实验目的

熟练掌握 WPS 文字的字符、段落、页面的设置及排版。

2. 实验要求

参照图 3-11 所示样式，按要求编辑文档。

社会热点

“没苦硬吃”与“没福硬享”

新闻概述：

近期，关于老一辈人“没苦硬吃”的话题在社交媒体上引发了大规模的讨论，比起长辈对于延迟满足的偏好，部分年轻人提前享受、及时行乐的信条则被总结为“没福硬享”。代际之间生活习惯的差异与价值观的碰撞引起了许多网友的共鸣。（人民日报评论）

观点：

需要看到，不管讨论如何，都不要落入单方面的嘲讽抨击。其实，“有福不享”“没苦硬吃”，小一辈对老一辈的如此评价，有不解无奈，有愤怒烦闷，但更多是关心。而小一辈“没福硬享”的自嘲，也蕴含着好好养育自己，重视自我需求的时代表达。差异客观存在，并非不可调和。（人民日报评论）

中式教育关于“受苦”观念的错位，是两代人不同生活图景的生动展示。在老一辈人“没苦硬吃”和年轻人“没福硬享”的差异之间，我们正要寻找家庭中的“爱”的共享。在挫折和享受、逆境和顺境中，寻找舒适地“爱”的方式。（青年文摘）

评论：

出现“没苦硬吃”和“没福硬享”的争论，表面上是代际之间观念的差异，深层次却反映出当代家庭内部沟通的缺乏。面对生活中的摩擦，人们似乎总是轻易下结论，急于对立，为对方贴上标签，但事后反思就会发现矛盾并非无法调和。倾听是家庭成员相处时的润滑剂，多一些理解，为内心卸下砝码，也许就能从中获得和解。

图 3-11 《“没苦硬吃”与“没福硬享”》文档编辑样稿

①创建一个 WPS 文字空白文档，录入图 3-12 所示文字，将其命名为“热点评论 . docx”，保存在“D:\WPS”下。

没苦硬吃与没福硬享
新闻概述：
近期，关于老一辈人没苦硬吃的话题在社交媒体上引发了大规模的讨论，比起长辈对于延迟满足的偏好，部分年轻人提前享受、及时行乐的信条则被总结为没福硬享。代际之间生活习惯的差异与价值观的碰撞引起了许多网友的共鸣。(人民日报评论)
观点：
需要看到，不管讨论如何，都不要落入单方面的嘲讽抨击。其实，“有福不享”没苦硬吃，小一辈对老一辈的如此评价，有不解无奈，有愤怒烦闷，但更多是关心。而小一辈没福硬享的自嘲，也蕴含着好好养育自己，重视自我需求的时代表达。差异客观存在，并非不可调和。(人民日报评论)
中式教育关于 “受苦”观念的错位，是两代人不同生活图景的生动展示。在老一辈人没苦硬吃和年轻人没福硬享的差异之间，我们正要寻找家庭中的“爱”的共享。在挫折和享受、逆境和顺境中，寻找舒适地“爱”的方式。(青年文摘)
评论：
出现没苦硬吃和没福硬享的争论，表面上是代际之间观念的差异，深层次却反映出当代家庭内部沟通的缺乏。面对生活中的摩擦，人们似乎总是轻易下结论，急于对立，为对方贴上标签，事后反思就会发现矛盾并非无法调和。倾听是家庭成员相处时的润滑剂，多一些理解，为内心卸下砝码，也许就能从中获得和解。

图 3-12 《“没苦硬吃”与“没福硬享”》案例文本

②字符格式设置，要求如表 3-3 所示。

表 3-3 字符格式设置要求

文字内容	字符格式要求
正文	宋体、小四号
标题	黑体、二号 对“与”字设置带圈字符(增大圈号、圆形圈号)
“新闻概述”部分中的“生活习惯……碰撞”	加粗、倾斜、小三号、浅蓝、加底纹和边框(1.5 pt 绿色方框)、字符间距缩放 120%
“新闻概述”部分中的“人民日报评论”	华文行楷、小二号、突出显示为黄色、字体颜色为绿色
“新闻概述”	红色、四号、加粗、下着重号

③段落格式设置，要求如表 3-4 所示。

表 3-4 段落格式设置要求

段落	段落格式要求
标题	居中对齐
正文	1.2 倍行距

续表

段落	段落格式要求
正文第一段	段前间距为 0.5 行，段后间距为 0.5 行； 首字下沉 2 行，字体为“幼圆”，距正文 0.2 cm
除正文第一段外其余正文段落	首行缩进 2 字符
“评论”部分段落	段落边框为绿色、双实线、1.5 pt 的方框；段落底纹为图案（样式 15%、颜色为浅绿）

④使用格式刷复制格式，要求如表 3–5 所示。

表 3–5　使用格式刷复制格式要求

样板文字或段落	目标文字或段落
小标题“新闻概述”	小标题“观点”“评论”
“新闻概述”部分中的“生活习惯……碰撞”	“评论”部分中的“生活中的摩擦”
“新闻概述”部分中的“人民日报评论”	其余段落中的媒体单位名称

⑤使用替换功能替换格式，要求如表 3–6 所示。

表 3–6　使用替换功能替换格式要求

字符内容	替换格式要求
文中所有“没苦硬吃”“没福硬享”	添加双引号
文中所有“年轻人”“老一辈”	华文彩云、绿色、三号、加粗

⑥页面格式设置，要求如表 3–7 所示。

表 3–7　页面格式设置要求

段落	页眉格式要求
全文	纸张大小为“A4”，上、下页边距均为 2.5 cm，左、右页边距均为 2 cm
全文	设置页眉为“社会热点”，右对齐
“观点”部分段落	分为等宽的两栏，栏宽为 7.2 cm，栏间加分隔线

3. 实验步骤

（1）创建一个 WPS 文字空白文档，按要求录入文字后将文档命名为“热点评论 .docx”，保存在“D:\WPS”下。

（2）字符格式设置。

选中全部文本内容，在“开始”选项卡中的“字体”组中设置为宋体、小四号。

选中标题，在“开始”选项卡中的“字体”组中设置为黑体、二号。

选中标题中的“与”字，在“开始”选项卡中的“字体”组中单击“拼音指南”按钮右侧的下拉箭头，选择“带圈字符”，如图 3-13 所示，在弹出的对话框中将样式设为“增大圈号”，圈号设为“○”后单击“确定”按钮。

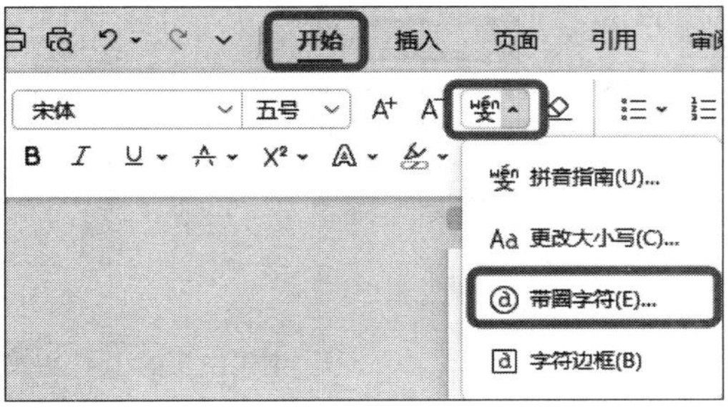

图 3-13 选择“带圈字符”

选中正文“新闻概述”部分中的“生活习惯的差异与价值观的碰撞”，在“开始”选项卡中的“字体”组中设置为“加粗”“倾斜”“小三”“浅蓝”“字符底纹”；在“开始”选项卡中的“段落”组中单击“边框”右侧的下拉箭头，在下拉菜单中选择“边框和底纹”，在弹出的对话框中将边框格式设置为“方框”“绿色”“1.5 磅”，并在“应用于”下拉列表中选“文字”。在“开始”选项卡中的“字体”组中单击右下角的对话框启动器按钮，在弹出的对话框中切换到“字符间距”选项卡，将“缩放”设置为“120％”。

选中正文“新闻概述”部分中的“人民日报评论”，在“开始”选项卡中的“字体”组中设置华文行楷、小二号，“突出显示”选“黄色”，“字体颜色”选“绿色”。

选中正文第一段“新闻概述”，右击，在弹出的快捷菜单中选择“字体”，在弹出的“字体”对话框的“字体”选项卡中设置“字体颜色”为“红色”、“字号”为“四号”、“字形”为“加粗”、“着重号”为“下着重号”。

(3)段落格式设置。

将光标放置于标题段任意位置，在“开始”选项卡中的“段落”组中单击“居中对齐”按钮。

选择全部文本内容，右击，在弹出的快捷菜单中选择“段落”，在弹出的“段落”对话框的“缩进和间距”选项卡中，设置“行距”为“多倍行距”，“设置值”为“1.2”。

将光标置于正文第一段任意位置，右击，在弹出的快捷菜单中选择“段落”，在弹出的“段落”对话框的“缩进和间距”选项卡中，设置“间距”的“段前”为“0.5”，“段后”为“0.5”。在“插入”选项卡中单击“首字下沉”按钮，在弹出的对话框中设置“位置”为“下沉”、“下沉行数”为“2”，“字体”为“幼圆”，“距正文”为“0.2 厘米”。

选定正文第二段及之后段落，右击，在弹出的快捷菜单中选择“段落”，在弹出的“段落”对话框的“缩进和间距”选项卡中，设置“特殊格式”为“首行缩进”，对应的“度量值”为“2 字符”。

选定正文最后一段，在“开始”选项卡中的“段落”组中单击“边框”右侧的下拉箭头，选择“边框和底纹”，在“边框和底纹”对话框的“边框”选项卡中将边框格式设置为“方框”“绿色”“双实线”“1.5 磅”，“应用于”选“段落”，如图 3-14 所示。在“底纹”选项卡中设置“样式”为“15％”、“颜色”为“浅绿”，如图 3-15 所示。

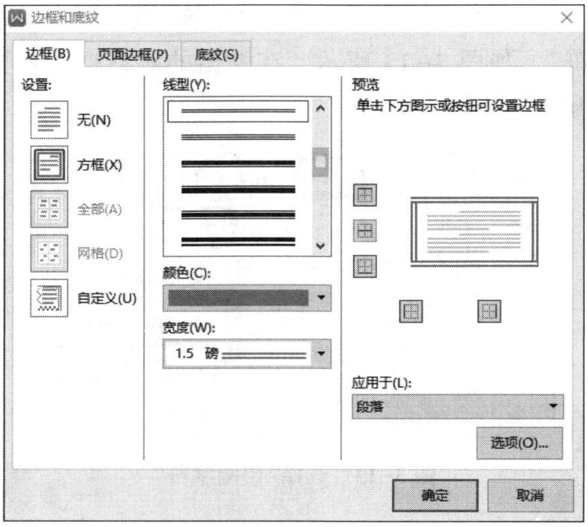

图 3-14 “边框和底纹”对话框——边框格式设置

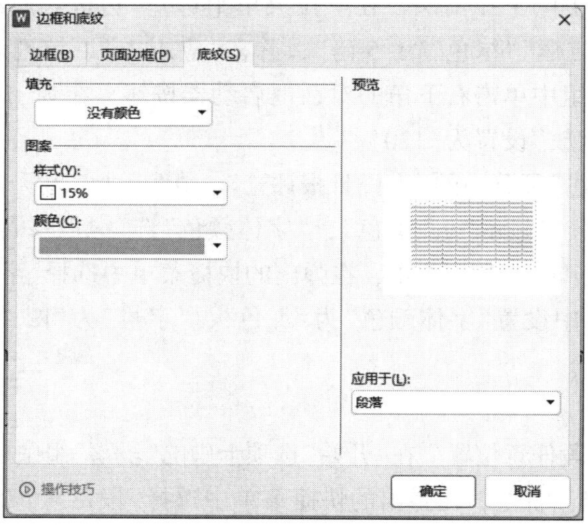

图 3-15 “边框和底纹”对话框——底纹格式设置

(4)使用格式刷复制格式。

单击正文小标题“新闻概述”中任意位置，在“开始”选项卡中的“剪贴板”组中双击“格式刷”按钮，然后拖动光标选中正文小标题“观点”“评论”。需要注意的是双击后的格式刷在“刷”完本轮格式后，需要再次单击“格式刷”按钮进行格式释放后才能开始新的操作。

用同样的方法完成表 3-5 中其他两部分设置。

(5)使用替换功能替换格式。

将光标置于文章开始处，在“开始”选项卡中单击“查找替换”下拉按钮，选择“替换”，在弹出的“查找和替换”对话框的“查找内容”组合框中输入“没苦硬吃”，在“替换为”组合框中输入“没苦硬吃”，并在其两端加上双引号，然后单击“全部替换”按钮。用同样的方式，替换“没福硬享”一词的格式。

将光标置于文章开始处，在“开始”选项卡中选择“查找替换”→“替换”，在弹出对话框的“查找内容”和“替换为”组合框中均输入“年轻人”，选择“替换为”组合框下面的“格式”→“字体”，设置“中文字体”为“华文彩云”、“字体颜色”为“绿色”、“字号”为“三号”、“字形”为“加粗”，最后单击“全部替换”按钮即可完成。用同样的方式，替换“老一辈”一词的格式。

(6)页面格式设置。

在“页面”选项卡中，单击“纸张大小”按钮，在下拉列表中选择“A4”，在“页边距”按钮右侧的输入框中，将“上”“下”均设为2.5cm，“左”“右”均设为2cm。

将光标置于文档任意位置，在“插入”选项卡中的“页”组中单击“页眉页脚”按钮，在页眉位置输入文字“社会热点”；在“开始”选项卡中的“段落”组中单击“右对齐”按钮。

选中正文“观点”部分段落内容，在“页面”选项卡中的“页面设置”组中单击“分栏”按钮右侧的下拉箭头，选择“更多分栏”，在弹出的对话框中设置“预设”为“两栏”，在“宽度和间距”栏中勾选“栏宽相等”复选框，将“宽度”设为“7.2厘米”，最后勾选“分隔线”复选框。

4. 拓展任务

找一篇自己喜欢的文章，仿照本节案例进行自主版面编排设计，将文件命名为“美文赏析.docx”，保存在“D:\WPS”下。

5. 补充阅读

在工作和学习中经常需要使用WPS文字办公，记录文字、图片、表格等信息。在日常使用中除了保证内容正确，还需要有美观的排版，以提供良好的阅览体验。本节实验针对的就是文档版面编排功能方面的练习，常用操作如图3-16、图3-17所示。

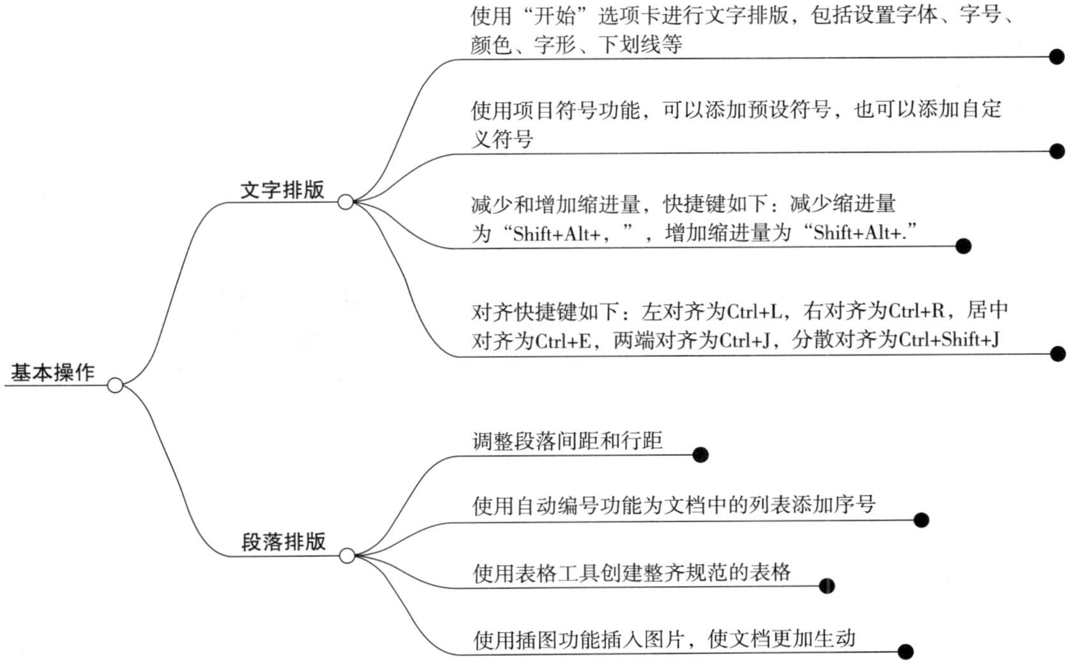
基本操作
文字排版
使用“开始”选项卡进行文字排版，包括设置字体、字号、颜色、字形、下划线等
使用项目符号功能，可以添加预设符号，也可以添加自定义符号
减少和增加缩进量，快捷键如下：减少缩进量为“Shift+Alt+，”，增加缩进量为“Shift+Alt+.”
对齐快捷键如下：左对齐为Ctrl+L，右对齐为Ctrl+R，居中对齐为Ctrl+E，两端对齐为Ctrl+J，分散对齐为Ctrl+Shift+J
段落排版
调整段落间距和行距
使用自动编号功能为文档中的列表添加序号
使用表格工具创建整齐规范的表格
使用插图功能插入图片，使文档更加生动

图3-16 WPS文字版面编排基本操作

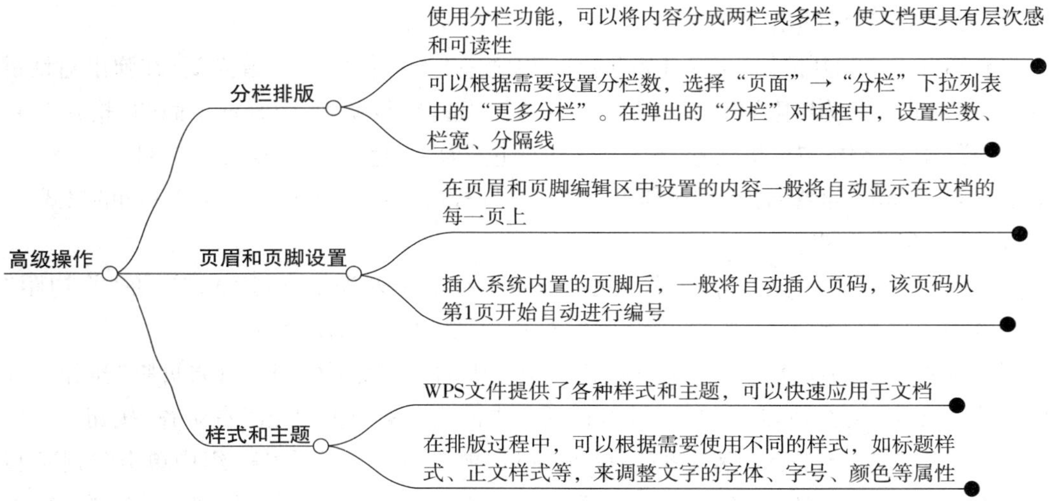
高级操作
分栏排版
使用分栏功能，可以将内容分成两栏或多栏，使文档更具有层次感和可读性
可以根据需要设置分栏数，选择“页面”→“分栏”下拉列表中的“更多分栏”。在弹出的“分栏”对话框中，设置栏数、栏宽、分隔线
页眉和页脚设置
在页眉和页脚编辑区中设置的内容一般将自动显示在文档的每一页上
插入系统内置的页脚后，一般将自动插入页码，该页码从第1页开始自动进行编号
样式和主题
WPS文件提供了各种样式和主题，可以快速应用于文档
在排版过程中，可以根据需要使用不同的样式，如标题样式、正文样式等，来调整文字的字体、字号、颜色等属性

图 3-17　WPS 文字版面编排高级操作

实验 3-4　制作课程表

1. 实验目的

①熟练掌握表格的创建及编辑方法。

②掌握利用模板进行表格创建的方法。

2. 实验要求

①参照图 3-18 所示样稿进行课程表的制作及美化，将文件命名为“课程表 . docx”，保存在“D:\WPS”下。

课程表

<table>
<tr><th colspan="2">星期 课程 时间</th><th>星期一</th><th>星期二</th><th>星期三</th><th>星期四</th><th>星期五</th><th>星期六</th><th>星期日</th></tr>
<tr><td rowspan="2">上午</td><td>第1节（8: 00-9:50）</td><td></td><td></td><td></td><td></td><td></td><td colspan="2" rowspan="5">文体图片</td></tr>
<tr><td>第2节（10: 10-12:00）</td><td></td><td></td><td></td><td></td><td></td></tr>
<tr><td colspan="7">午　　休</td></tr>
<tr><td rowspan="2">下午</td><td>第3节（14: 30-16:20）</td><td></td><td></td><td></td><td></td><td></td></tr>
<tr><td>第4节 16: 30-18:20）</td><td></td><td></td><td></td><td></td><td></td></tr>
<tr><td>晚</td><td>第5节（19: 10-21:10）</td><td></td><td></td><td></td><td></td><td></td><td></td><td>班会</td></tr>
</table>

图 3-18　“课程表”文档编辑样稿

②利用模板快速制作课程表。

3. 实验步骤

1)参照样稿进行课程表的制作及美化

①新建一个 WPS 文字空白文档，按要求命名并保存。

②输入标题“课程表”，设置合适的字体、字号，并设置居中对齐。

③插入表格：将光标放置在想要插入表格的位置后单击“插入”选项卡，单击“表格”下拉按钮，选择一种插入方式插入表格。

④调整行高和列宽：将鼠标指针悬停在行或列的边框，然后按住鼠标左键并拖动以调整行高或列宽；或者选中表格后右击，在弹出的快捷菜单中选择“表格属性”，在弹出的“表格属性”对话框中进行行高、列宽的设置。

⑤合并单元格：选中要合并的单元格，然后单击“表格工具”选项卡中的“合并拆分”组中的“合并单元格”按钮；也可在选中要合并的单元格后右击，在弹出的快捷菜单中选择“合并单元格”。

⑥表头设置：将光标定位于要插入表头的单元格，在“表格样式”选项卡中单击“斜线表头”按钮，在弹出的“斜线单元格类型”对话框中选择适合的样式，确认后输入对应的字段名。

⑦数据录入及设置：在表格对应的单元格录入需要的数据，并根据表格大小和实际需求进行对应的字体设置。

⑧格式化表格：

更改字体和字号：选中要更改字体和字号的单元格，然后利用“开始”选项卡中的“字体”组进行设置。

设置对齐方式：选中要更改对齐方式的单元格，然后在“开始”选项卡的“段落”组中单击合适的对齐方式按钮。也可以选中表格或特定单元格后右击，在弹出的快捷菜单中选择“单元格对齐方式”子菜单中的一种合适的对齐方式。

设置样式格式：选中表格，然后单击“表格样式”选项卡中的“表格样式”组的下拉按钮，在“表格样式”或“其他样式”中选择一款合适的样式进行设置。

⑨插入图片：参照样稿，在“文体图片”对应的位置插入一张文化体育类图片，调整其大小和位置。

⑩编辑完成后保存文件。

2)利用模板快速制作课程表

启动 WPS 文字后，单击“新建”按钮，在模板库中选择“教育学习”相关模板或搜索“课程表”模板，根据个人需求选择一个合适的模板作为基础，根据实际情况进行内容的编辑和填写，并在完成编辑后及时保存文件。

4. 拓展任务

利用 WPS 文字模板，结合实际制作一个个人简历表。

5. 补充阅读

在现代社会，学生或工作人员常常需要管理自己的时间，制作一份个性化的课程表或时间安排表就成了必不可少的工作之一。WPS 文字提供了丰富的模板和功能，可以帮助我们轻松制作出满足个人需求的课程表或时间安排表。制作课程表的流程如图 3-19 所示。

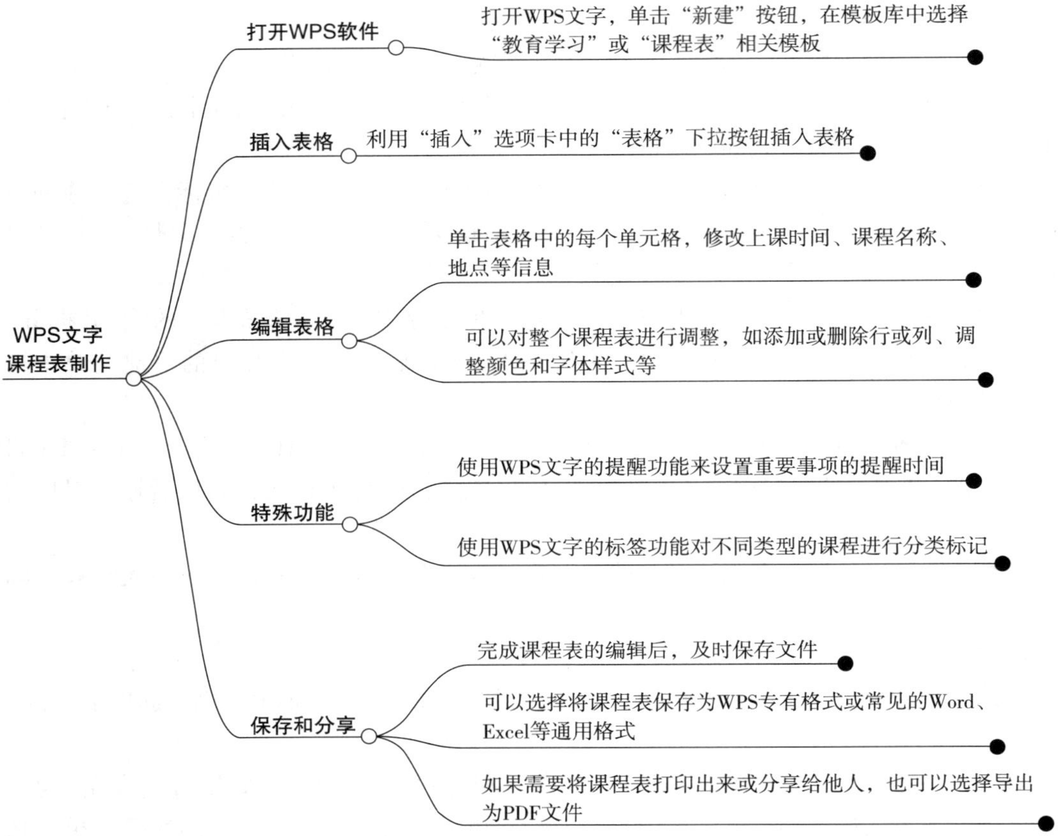
WPS文字
课程表制作
打开WPS软件
打开WPS文字，单击“新建”按钮，在模板库中选择“教育学习”或“课程表”相关模板
插入表格
利用“插入”选项卡中的“表格”下拉按钮插入表格
编辑表格
单击表格中的每个单元格，修改上课时间、课程名称、地点等信息
可以对整个课程表进行调整，如添加或删除行或列、调整颜色和字体样式等
特殊功能
使用WPS文字的提醒功能来设置重要事项的提醒时间
使用WPS文字的标签功能对不同类型的课程进行分类标记
保存和分享
完成课程表的编辑后，及时保存文件
可以选择将课程表保存为WPS专有格式或常见的Word、Excel等通用格式
如果需要将课程表打印出来或分享给他人，也可以选择导出为PDF文件

图 3-19　WPS 文字课程表制作流程

个人简历表，又称履历表，是求职材料中最为重要的部分，是求职者全面素质和能力的缩影。一份简历好比产品的广告和说明书，既能在短短几页纸中把求职者的形象和其他竞争者区分开来，又能切实把求职者的特殊价值令人信服地表现出来。一份简历无疑是获得一份工作的敲门砖。图 3-20 中介绍了如何利用 WPS 文字来制作属于自己的简历，同学们也可以结合个人实际，丰富个人简历的内容和样式。

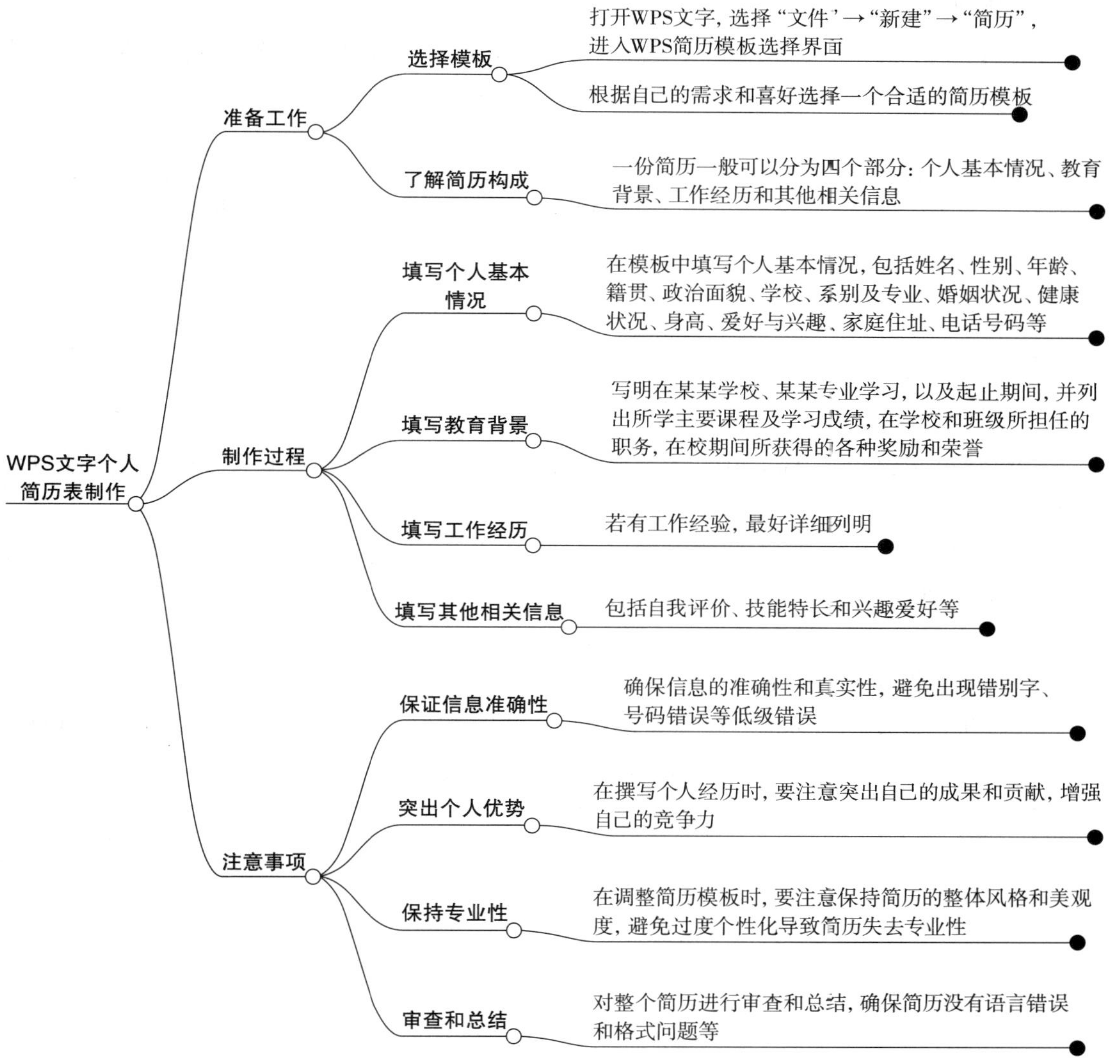
WPS文字个人简历表制作
准备工作
选择模板
打开WPS文字，选择“文件”→“新建”→“简历”，进入WPS简历模板选择界面
根据自己的需求和喜好选择一个合适的简历模板
了解简历构成
一份简历一般可以分为四个部分：个人基本情况、教育背景、工作经历和其他相关信息
制作过程
填写个人基本情况
在模板中填写个人基本情况，包括姓名、性别、年龄、籍贯、政治面貌、学校、系别及专业、婚姻状况、健康状况、身高、爱好与兴趣、家庭住址、电话号码等
填写教育背景
写明在某某学校、某某专业学习，以及起止期间，并列出所学主要课程及学习成绩，在学校和班级所担任的职务，在校期间所获得的各种奖励和荣誉
填写工作经历
若有工作经验，最好详细列明
填写其他相关信息
包括自我评价、技能特长和兴趣爱好等
注意事项
保证信息准确性
确保信息的准确性和真实性，避免出现错别字、号码错误等低级错误
突出个人优势
在撰写个人经历时，要注意突出自己的成果和贡献，增强自己的竞争力
保持专业性
在调整简历模板时，要注意保持简历的整体风格和美观度，避免过度个性化导致简历失去专业性
审查和总结
对整个简历进行审查和总结，确保简历没有语言错误和格式问题等

图 3-20　WPS 文字个人简历表制作流程

实验 3-5 制作统计表

1. 实验目的

①掌握 WPS 文字中文本和表格的相互转换操作。

②掌握利用样式对表格进行美化的方法。

2. 实验要求

①创建一个 WPS 文字空白文档，制作如表 3-8 所示的成绩单，将文件命名为“成绩单 1. docx”，保存在“D:\WPS”下。

表 3-8 “成绩单 1”文档编辑样稿

姓名	平时成绩	考试成绩
张悦	18	79
刘强	19	76
马飞	20	78

②将文件“成绩单 1. docx”中的表格转换成文本，用逗号作为文本分隔符，将文件命名为“成绩单 2. docx”，保存在“D:\WPS”下。

③按照文件“成绩单 2. docx”文本的格式，追加两条记录：“苏三,13,36”“李丽,16,63”，完成后保存文件。

④将追加记录后的“成绩单 2. docx”文本转换成一个 3 列 6 行的表格，将文件命名为“成绩单 3. docx”，保存在“D:\WPS”下。

⑤将文件“成绩单 3. docx”中的表格按表 3-9 所示添加行和列，并利用公式完成表格填充。

表 3-9 “成绩单 3”文档编辑样稿

姓名	平时成绩	考试成绩	总成绩
张悦	18	79	
刘强	19	76	
马飞	20	78	
苏三	13	36	
李丽	16	63	
平均成绩			

3. 实验步骤

①新建一个 WPS 文字空白文档，按要求制作表格后将文件命名为“成绩单 1. docx”，保存于指定位置。

②选定表格，单击“插入”选项卡，在“表格”下拉列表中选择“表格转换成文本”，在弹出的对话框中将“文字分隔符”设置为“逗号”，确认完成表格到文字的转换后，按要求将文件另存为“成绩单 2. docx”。

③按要求追加两条记录。注意分隔符为英文输入状态下的逗号，否则无法完成文本到表格的转换。

④全选追加记录后的文件“成绩单 2. docx”的文本内容，单击“插入”选项卡，选择“表格”下拉列表中的“文本转换成表格”，在弹出的对话框中，在“列数”和“行数”位置分别填入 3 和 6，“文字分隔位置”选“逗号”，确认完成文字到表格的转换后，将文件另存为“成绩单 3. docx”，保存在“D:\WPS”下。

⑤按要求在“成绩单 3. docx”中为表格追加行和列，并录入对应数据。

⑥选定“张悦”的“总成绩”对应的单元格，单击“表格工具”选项卡的“数据”组中的“公式”按钮。在弹出对话框的“公式”框中输入公式“=SUM(LEFT)”，确认后即可得到“张悦”的“总成绩”为“97”。将生成的值“97”复制到其他对应的单元格，把新生成值的单元格全部选中(此时数据全为“97”)，按 F9 功能键，即可完成域更新。

⑦选中“平时成绩”的“平均成绩”对应的单元格，单击“表格工具”选项卡的“数据”组中的“公式”按钮。在弹出的对话框的“公式”框中输入公式“=AVERAGE(ABOVE)”，确认后即可得到“平时成绩”的“平均成绩”为“17. 2”。将生成的值“17. 2”复制到其他对应的单元格，把新生成值的单元格全部选中(此时数据全为“17. 2”)，按 F9 功能键，即可完成域更新。

⑧保存文件。

4. 拓展任务

创建一个 WPS 文字空白文档，按照表 3-10 所示样式制作表格并完成表格空白区域的填充，利用样式对表格进行美化，表格标题为“YL 图书馆勤工俭学岗 2 月份统计表”，最后将文件以“统计表 . docx”为文件名保存在“D:\WPS”下。

表 3-10 “统计表”编辑样稿

姓名	工时/小时	时薪/元	薪资/元
刘华华	24	15	
周龙龙	16. 5	15	
薛谦谦	18	15	
张杰杰	22. 5	15	
邓紫紫	12	15	
总工时/小时		总薪资数/元	

提示 1：求薪资的公式为“=PRODUCT(LEFT)”。

提示 2：向上求和公式为“=SUM(ABOVE)”。

5. 补充阅读

WPS 文字是一款功能强大的文字处理软件，它包含了丰富的表格工具，可以帮助用户更高效地处理和展示数据。WPS 文字表格制作流程如图 3-21 所示。

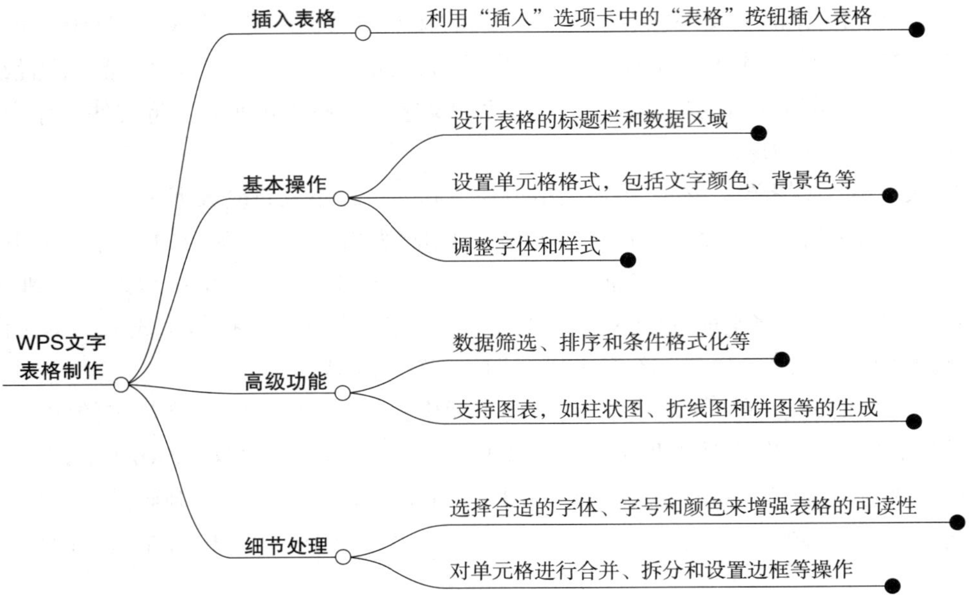
WPS文字
表格制作
插入表格
利用“插入”选项卡中的“表格”按钮插入表格
基本操作
设计表格的标题栏和数据区域
设置单元格格式，包括文字颜色、背景色等
调整字体和样式
高级功能
数据筛选、排序和条件格式化等
支持图表，如柱状图、折线图和饼图等的生成
细节处理
选择合适的字体、字号和颜色来增强表格的可读性
对单元格进行合并、拆分和设置边框等操作

图 3-21　WPS 文字表格制作流程

实验 3-6　制作手抄报

1. 实验目的

①掌握图片、形状、文本框、艺术字的插入和编辑的方法。

②掌握公式编辑器、流程图的使用方法。

③掌握图文混排的编辑方法。

2. 实验要求

参照图 3-22，制作手抄报《中国载人航天奋进之路》，其中文字素材可从教材素材包中获取。将文件命名为“中国载人航天奋进之路 . docx”，保存在“D:\WPS”下。

中国载人航天奋进之路
北京时间2024年10月30日4时27分，搭载"神舟十九号"载人飞船的长征二号F遥十九运载火箭在酒泉卫星发射中心点火发射，约10分钟后，"神舟十九号"载人飞船与火箭成功分离，进入预定轨道，航天员乘组状态良好，发射取得圆满成功。
这个时刻不仅是中国航天事业的重要里程碑，也承载着无数人的梦想与希望。
此处可网络查询或设计神州系列相关图片
中国航天发展
阶段 时间 代表事件
奠基 1956-1970 1956年，中国国防部第五研究院成立 1970年，第一颗人造地球卫星"东方红一号"
发展 1971-2003 1975年，第一颗返回式人造卫星 2003年，成功发射第一艘载人飞船"神舟五号"
探月工程 2004-2020 2004年，中国探月工程正式获批立项 2007年，嫦娥一号发射，实现绕月飞行 2020年，嫦娥五号带回月球样品
空间站建设 2010-2022 2010年，中国空间站工程正式批准实施 2022年，完成空间站关键技术验证
深空探测 2020- 中国在探月、探火、探日等方面取得显著成就
从古代的飞天梦想，到现代的航天壮举，中国航天事业经历了漫长而辉煌的演变历程。
在未来的发展中，中国航天事业将继续保持蓬勃发展的势头，不断取得新的突破和成就。
神舟十九号介绍
神舟十九号任务是中国载人航天工程进入空间站应用与发展阶段的第4次载人飞行任务，是工程立项实施以来的第33次发射任务，也是长征系列运载火箭的第543次飞行。
神舟十九号飞船发射，中国航天行稳致远，太空探索永无止境。
神舟一号 •1999.11.20 •中国载人航天工程第一艘飞船。
神舟五号 •2003.10.15 •成为独立开展载人航天活动的国家。
神舟七号 •2008.9.25 •掌握出舱活动相关技术。
神舟九号 •2012.6.16 •中国首位女航天员出征。
神舟十二号 •2021.6.17 •中国人首次进入自己的空间站。
神舟十六号 •2023.5.30 •首次完成在轨航天器舱外设施维修等任务。
神舟十九号 •2024.10.30 •中国空间站正式进入应用与发展阶段。

图 3-22　手抄报文档编辑样稿

3. 实验步骤

参照图 3-23 所示的手抄报制作流程，完成如下实验步骤。

确定主题
准备素材
页面布局
内容编辑
页面美化
局部修饰
完成保存

图 3-23　手抄报制作流程

1）确定主题

本案例主题为"中国载人航天奋进之路"。

2）准备素材

利用网络等平台进行与主题的相关文字、图片等素材的收集。

3）页面布局

①新建一个 WPS 文字空白文档，在"页面"选项卡中设置纸张方向及页边距（本实验中设置为横向，四周边距均为 2 cm），按要求命名后保存到指定位置。

②根据内容利用图片、文本框、艺术字、流程图等功能对页面进行整体框架的搭建、布局，如图 3-24 所示。

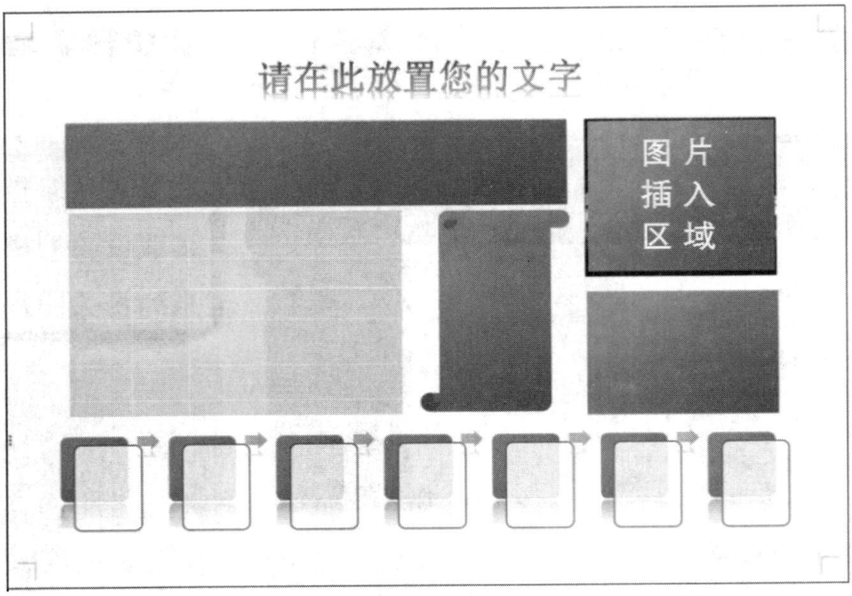

图 3-24　手抄报布局

提示 1：页面中插入的各个对象均相互独立，布局中会出现重叠和位置移动等情况，需要在布局过程中对每一个对象进行独立的设置。具体操作方式为选中对象后右击，选择“文字环绕”→“紧密型环绕”(见图 3-25)。对于表格，需要选中表格后右击，选择“表格属性”，在打开的对话框(见图 3-26)中设置“文字环绕”为“环绕”。

图 3-25　文字环绕设置

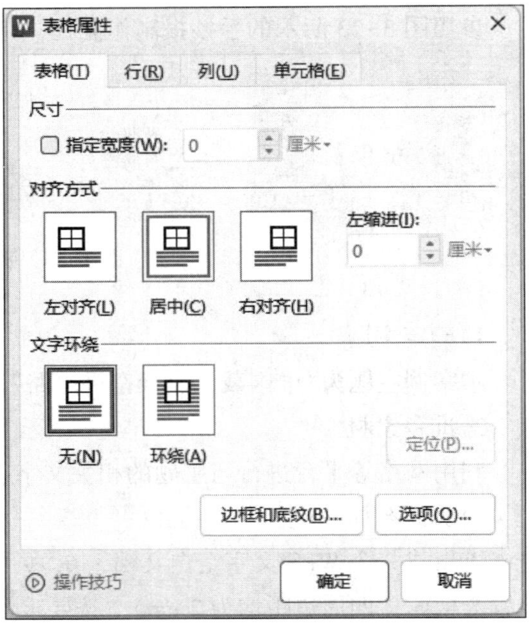

图 3-26　“表格属性”对话框

提示 2：页面顶部插入的对象为艺术字。在“插入”选项卡中单击“艺术字”下拉按钮，选择一种合适的样式后录入文字(见图 3-27)。

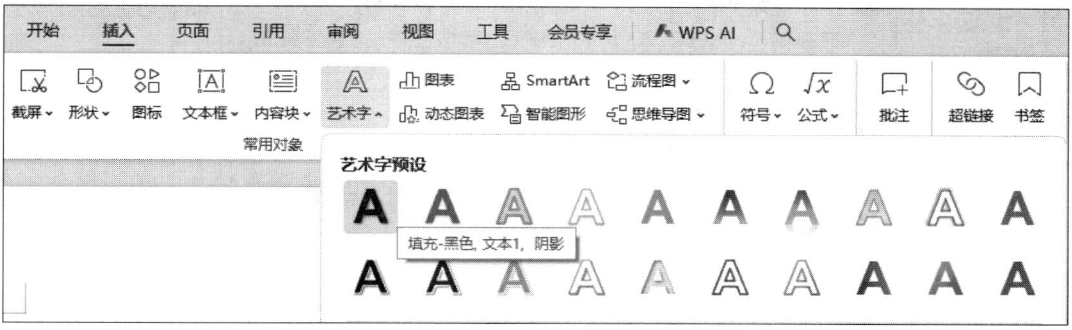

图 3-27　插入艺术字

提示 3：页面中艺术字下面和图片下面插入的对象均为文本框，利用“插入”选项卡中的“文本框”下拉按钮可插入。

提示 4：页面中间插入的对象为“竖卷轴”形状。在“插入”选项卡中选择“形状”→“星与旗帜”→“竖卷轴”即可开始绘制。

提示 5：页面右侧的对象为图片。选择“插入”选项卡中的“图片”→“本地图片”，将素材准备环节保存的图片打开即可。

提示 6：页面底部插入的对象为流程图。“插入”选项卡中选择“形状”→“智能图形”中的任意一种形状(见图 3-28)，在打开的“智能图形”对话框中选择“SmartArt”→“流程”→“重点流程”(见图 3-29)。在插入该对象后可以通过其右侧的“添加项目”按钮来进行项目的添加。

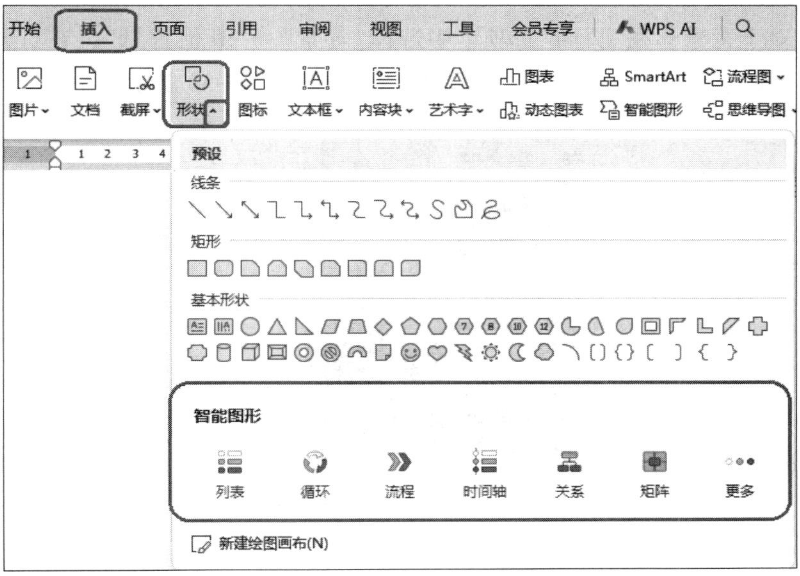

图 3-28　流程图插入路径 1

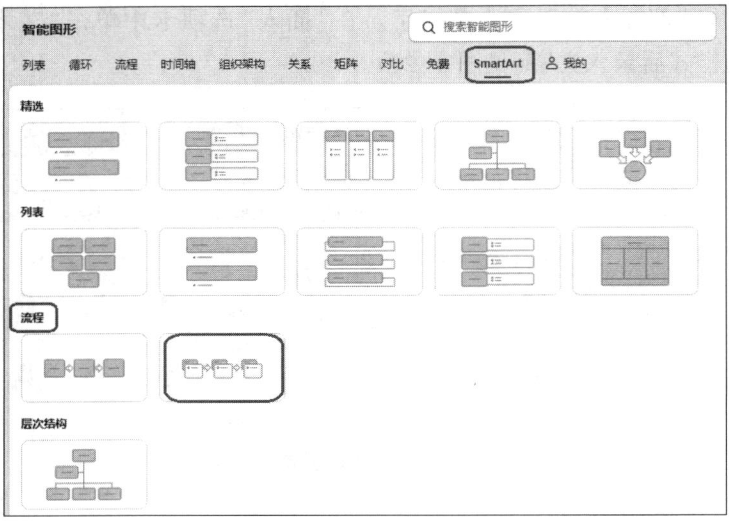

图 3-29　流程图插入路径 2

4）内容编辑

提示 1：页面布局完成后各对象的大小和位置一般不再调整，在编辑框内插入文本等对象后，可以通过设置字号等方式保证布局结构不发生改变。

提示 2："竖卷轴"属于形状对象，不能直接在其中插入文本内容，可以在"竖卷轴"上面添加一个文本框后再输入文字。

提示 3：对于流程图，单击文本框进行内容的输入，在选中该对象后可以通过"设计"选项卡中的"添加项目"按钮来进行项目的增加。

5）页面美化

提示 1：对于背景，在"页面"选项卡中选择"背景"→"其他背景"，在打开的对话框中切换到"纹理"选项卡，本实验中选择的是"纸纹 2"，如图 3-30 所示。

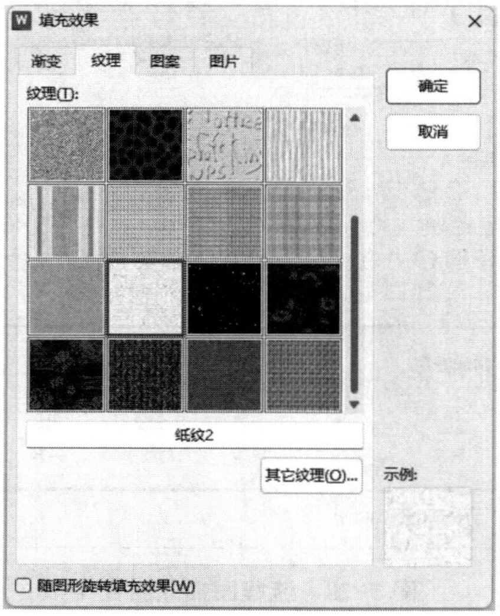

图 3-30　背景纹理填充设置

提示 2：设置边框的流程为在“页面”选项卡中单击“页面边框”按钮，在打开的对话框的“艺术型”下拉列表中选择一种合适的样式，如图 3-31 所示。

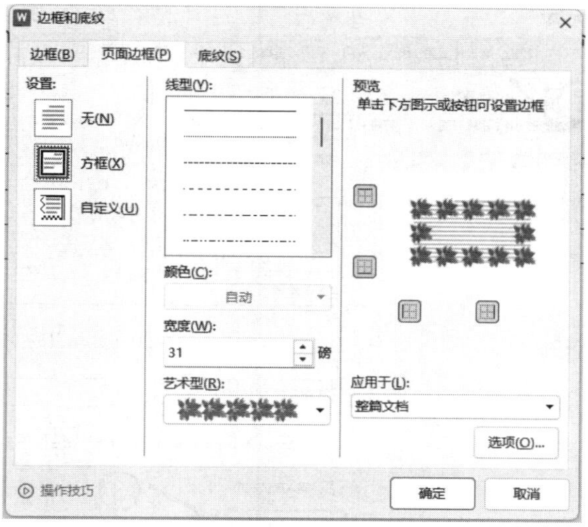

图 3-31　页面边框设置

6) 局部修饰

提示 1：对图片、文本框、艺术字等对象的编辑和美化方法不唯一，这里提供三种方法，可以自行选择。方法一是选中对象后通过对象右侧出现的工具按钮进行选择修饰；方法二是选中对象后通过选项卡处出现的对应工具进行具体修饰；方法三是双击对象后利用页面右侧的“属性”窗格进行针对性修饰。

提示 2：本实验中对文本框和形状进行修饰的方法是选中对象后，在对象右侧的工具按钮中选择“形状样式”→“预设样式”进行修饰；然后双击该对象，利用页面右侧的“属性”窗格中的“填充与线条”进行针对性修饰。

提示 3：本实验中对“图片”进行修饰的方法是选中对象后，在图片右侧出现的工具按钮中选择“裁剪图片”→“按形状裁剪”→“椭圆”；然后双击图片，在页面右侧出现的“属性”窗格中选择“填充与线条”→“线条”→“实线”，对图片边框进行设置。

7) 完成保存

保存并关闭文件。

4. 拓展任务

①查阅校史资料，制作一个主题为“我爱我校”的手抄报，版式自定，要求主题明确、内容积极、图文并茂。完成后将文件命名为“我爱我校 .docx”，保存在“D:\WPS”下。

②利用公式编辑器等工具，录入图 3-32 所示内容。完成后将文件命名为“公式 .docx”，保存在“D:\WPS”下。

名称	积分形式	微分形式
高斯定律	$\nabla\cdot\vec{D}=\rho$	$\oint_S \vec{D}\cdot d\vec{S}=q$
高斯磁定律	$\nabla\cdot\vec{B}=0$	$\oint_S \vec{B}\cdot d\vec{S}=0$
法拉第电磁感应定律	$\nabla\times\vec{E}=-\frac{\partial\vec{B}}{\partial t}$	$\oint_l \vec{E}\cdot d\vec{l}=-\int_s\frac{\partial\vec{B}}{\partial t}\cdot d\vec{S}$
麦克斯韦-安培定律	$\nabla\times\vec{H}=\vec{J}+\frac{\partial\vec{D}}{\partial t}$	$\oint_l \vec{H}\cdot d\vec{l}=\int_s\left(\vec{J}+\frac{\partial\vec{D}}{\partial t}\right)\cdot d\vec{S}$

图 3-32　文件“公式 .docx”内容

提示：打开公式录入工具的路径为在“插入”选项卡中单击“公式”右侧的下拉箭头，选择“公式编辑器”(见图 3-33)。

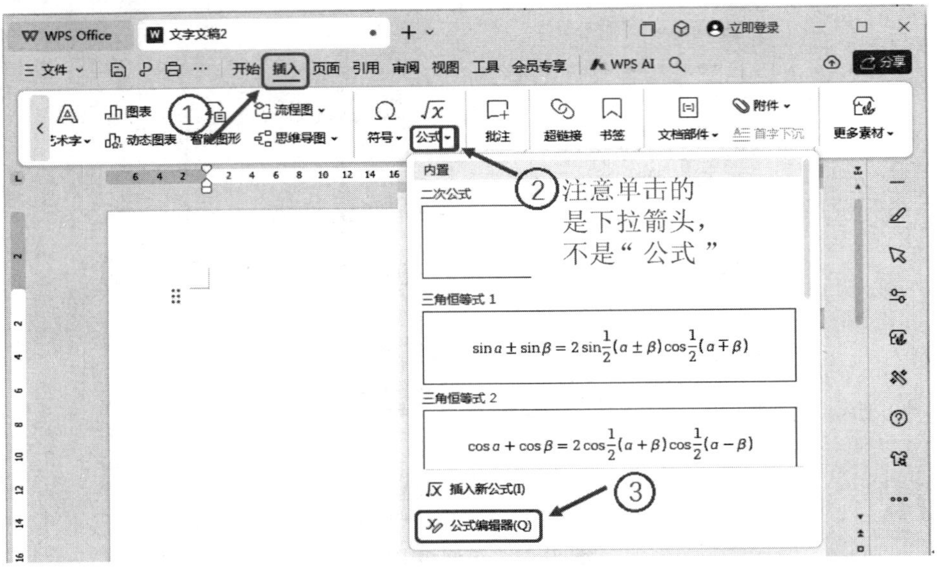

图 3-33　WPS 公式编辑器的打开路径

5. 补充阅读

1)公式编辑器介绍

WPS 公式编辑器是 WPS Office 套件中的一个工具，用于在文档中插入和编辑数学公式。它支持各种数学符号和结构，能够帮助用户创建专业的公式。

打开“公式编辑器”窗口(见图 3-34)，在其中输入公式，并在输入完成后单击“公式编辑器”窗口左上角的“文件”按钮，选择“退出并返回到 文字文档”选项；此时，刚才输入的公式就已经嵌入到 WPS 文档中了。如果想重新编辑公式，可以双击公式，在弹出的“公式编辑器”窗口中重新编辑，然后选择“文件”→“退出并返回到 文字文档”就可以了。

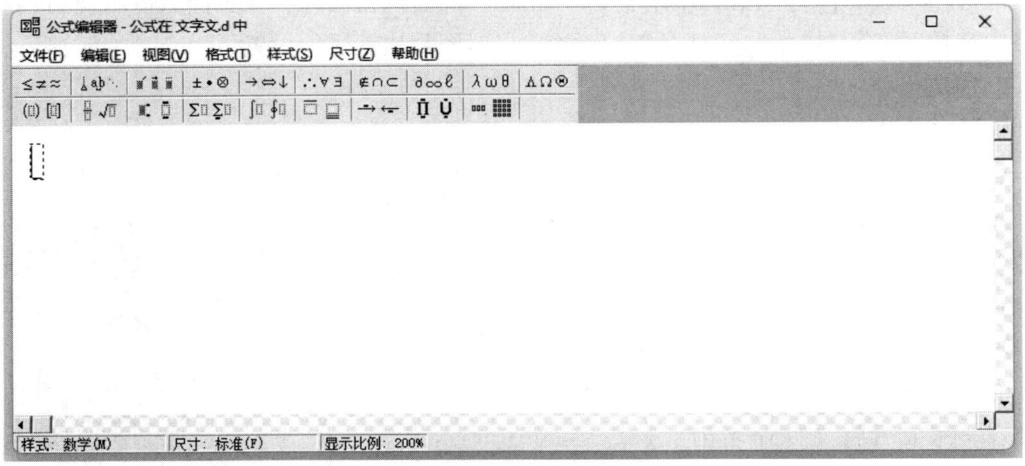

图 3-34　“公式编辑器”窗口

公式编辑器的使用方法如图 3-35 所示。

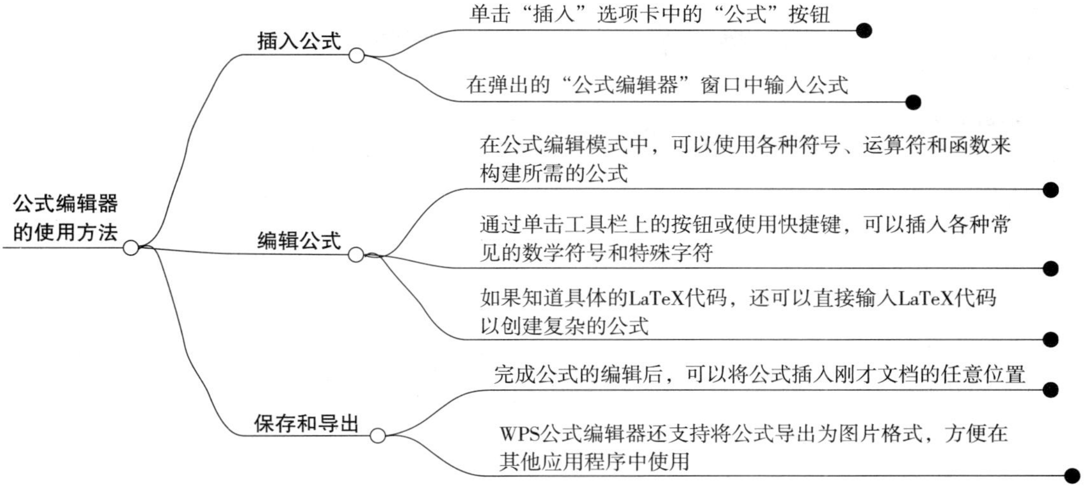
公式编辑器的使用方法
插入公式
单击“插入”选项卡中的“公式”按钮
在弹出的“公式编辑器”窗口中输入公式
编辑公式
在公式编辑模式中，可以使用各种符号、运算符和函数来构建所需的公式
通过单击工具栏上的按钮或使用快捷键，可以插入各种常见的数学符号和特殊字符
如果知道具体的LaTeX代码，还可以直接输入LaTeX代码以创建复杂的公式
保存和导出
完成公式的编辑后，可以将公式插入刚才文档的任意位置
WPS公式编辑器还支持将公式导出为图片格式，方便在其他应用程序中使用

图 3-35　公式编辑器的使用方法

2) 手抄报制作介绍

在我们平时使用 WPS Office 时，为了更加清晰、直白地传递信息，经常会做一些类似电子手抄报的文档，虽然看起来稍微有点复杂，但是在 WPS 文字中还是比较容易实现的。图 3-36 介绍了 WPS 手抄报的制作流程，实际创作过程中别忘了尽量使用独家创意。

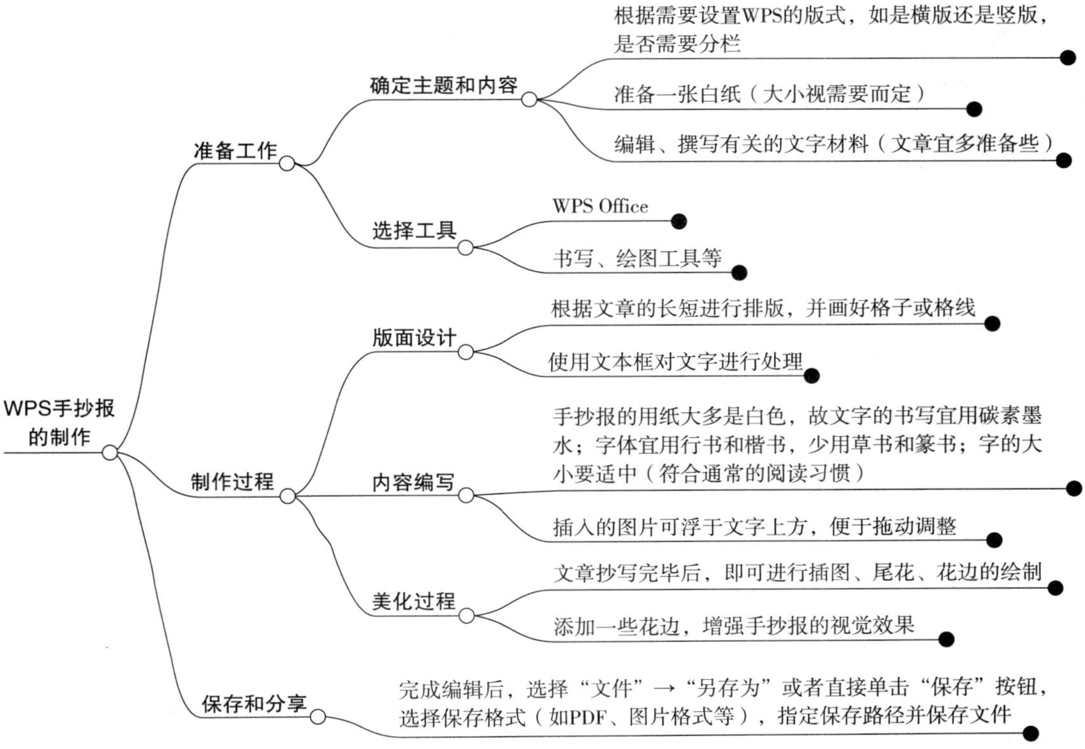
WPS手抄报的制作
准备工作
确定主题和内容
根据需要设置WPS的版式，如是横版还是竖版，是否需要分栏
准备一张白纸（大小视需要而定）
编辑、撰写有关的文字材料（文章宜多准备些）
选择工具
WPS Office
书写、绘图工具等
制作过程
版面设计
根据文章的长短进行排版，并画好格子或格线
使用文本框对文字进行处理
内容编写
手抄报的用纸大多是白色，故文字的书写宜用碳素墨水；字体宜用行书和楷书，少用草书和篆书；字的大小要适中（符合通常的阅读习惯）
插入的图片可浮于文字上方，便于拖动调整
美化过程
文章抄写完毕后，即可进行插图、尾花、花边的绘制
添加一些花边，增强手抄报的视觉效果
保存和分享
完成编辑后，选择“文件”→“另存为”或者直接单击“保存”按钮，选择保存格式（如PDF、图片格式等），指定保存路径并保存文件

图 3-36　WPS 手抄报的制作流程

第 4 章 WPS 电子表格实验

实验 4-1 创建和编辑电子表格

1. 实验目的

①掌握电子表格的创建、打开、输入、编辑、保存操作。

②熟悉函数的插入方式。

③掌握 SUM、AVERAGE、MIN、MAX、COUNT、IF、IFS 等基本函数的使用。

④熟练掌握电子表格中字符、外观的设置。

⑤熟悉自动填充功能的使用。

⑥熟悉新建、复制、删除、重命名等工作表的操作。

2. 实验要求

最终效果如图 4-1 所示。

2024级信息安全本科班成绩表

学号	姓名	C语言	大学英语	体育	密码学	高等数学	平均分	等级
012101	李逵	74	88	90	62	75	77.80	中
012102	貂蝉	86	90	75	85	83	83.80	良
012103	刘备	86	93	85	91	77	86.40	良
012104	宋江	78	89	84	83	72	81.20	良
012105	李典	89	76	68	83	89	81.00	良
012106	薛宝钗	92	93	82	73	74	82.80	良
012107	林冲	83	65	95	88	88	83.80	良
012108	张飞	82	71	97	75	81	81.20	良
012109	鲁智深	76	76	88	78	84	80.40	良
012110	司马懿	91	82	81	96	78	85.60	良

图 4-1 学生成绩表效果图

①打开 WPS Office，创建一个空的电子表格文件，输入表 4-1 所示的内容，再将其以“学生成绩表 . xlsx”为名保存在磁盘里。

表 4-1　学生成绩表原始数据

学号	姓名	C 语言	大学英语	体育	密码学	高等数学	平均分	等级
012101	李逵	74	88	90	62	75		
012102	貂蝉	86	90	75	85	83		
012103	刘备	86	93	85	91	77		
012104	宋江	78	89	84	83	72		
012105	李典	89	76	68	83	89		
012106	薛宝钗	92	93	82	73	74		
012107	林冲	83	65	95	88	88		
012108	张飞	82	71	97	75	81		
012109	鲁智深	76	76	88	78	84		
012110	司马懿	91	82	81	96	78		

②在表格最上方插入一行，接着在 A1 单元格中输入表格标题“2024 级信息安全本科班成绩表”。

③利用 AVERAGE 函数计算每位学生的平均成绩。

④利用 IFS 函数给出五级制成绩，规则是 90 分(含)以上为优，80 分(含)以上 90 分以下为良，70 分(含)以上 80 分以下为中，60 分(含)以上 70 分以下为及格，60 分以下为不及格。

⑤复制“Sheet1”工作表，并将新复制的工作表更名为“成绩表”。

⑥在“成绩表”工作表内进行字符格式设置，要求如表 4-2 所示。

表 4-2　学生成绩表的字符格式设置要求

设置对象	设置要求
表格标题	黑体，加粗，14 pt，跨列居中
表格第一行(表头)	宋体，12 pt，水平、垂直方向都居中
学号、姓名列	宋体，12 pt，水平、垂直方向都居中
各科成绩、平均分、等级列	宋体，12 pt，水平方向右对齐，垂直方向居中
平均分列	保留 2 位小数

⑦在“成绩表”工作表内进行表格外观设置，要求如表 4-3 所示。

表 4-3　学生成绩表的外观格式设置要求

设置对象	设置要求
表格前两行(标题、表头)	行高为 35 pt
表格其余行	行高为 20 pt
表格所有列	列宽为 20 字符

续表

设置对象	设置要求
表格所有行(除标题)	黑色单线边框
表格第一行(表头)	填充任意喜欢的颜色

3. 实验步骤

(1)创建空白电子表格。

启动 WPS，进入 WPS 工作界面，单击“新建”→“Office 文档”→“表格”→“空白表格”，创建一个空的电子表格，按 Ctrl+S 快捷键打开“另存为”对话框，将其以“学生成绩表 . xlsx”为名保存在磁盘中。

在执行后续操作前，先熟悉一下 WPS 电子表格的工作界面，如图 4-2 所示。

图 4-2　WPS 电子表格的工作界面

WPS 电子表格的工作界面与 WPS 文字的工作界面相比，有以下不同之处：

①单元格：电子表格的主要操作区域已经被划分成了一个个小格子，称为“单元格”。每个单元格的名称(也称为“单元格地址”)由其所在的行、列决定，如 C5 表示它在第 5 行第 C 列。直接单击某个单元格就可以在其中输入数据、公式了。

②名称框：位于功能区下方，当选择某一单元格时，其名称也会显示在名称框中。

③编辑栏：是位于名称框右侧的一个狭长输入框，可以在其中输入数字、文本等单元格数据，也可以输入公式。编辑栏前面的 × ✓ fx 三个按钮是分别用来取消输入、确认输入和插入函数的。

④行号和列号：在界面最左侧和编辑栏下方分别有阿拉伯数字 1、2、3……和大写字母 A、B、C……，它们分别为行号和列号，方便用户快速定位数据。除此之外，行号和列号

还包含了一些操作功能，如单击行号或列号，代表选定某一行或某一列；将鼠标指针放在两行号或两列号之间，鼠标指针变为相反方向的双箭头后，可以按住鼠标左键并拖动，以调整行高或列宽；右击行号或列号，可以弹出关于行列操作的快捷菜单，执行包含插入、删除、剪切、复制、粘贴行列、隐藏在内的诸多操作。

⑤工作表标签：位于界面左下方。当新建一个电子表格文件时，会自动创建一个名为“Sheet1”的工作表。一个电子表格文件可以包含一个或多个工作表。在工作表标签上右击会弹出快捷菜单，可以进行工作表的添加、删除、复制等操作。

(2)输入表 4-1 中的内容。

输入学号时，可以使用自动填充功能。先填入第一个学号 012101，然后单击选择该单元格，将鼠标指针放在单元格右下角的自动填充柄上。当鼠标指针形状变为实心“+”时，即为自动填充状态。此时，按下鼠标左键不要松开，往下拖动，如图 4-3 所示，会发现下方的单元格自动填充上了 012102、012103……，填充完成后松开鼠标左键即可。

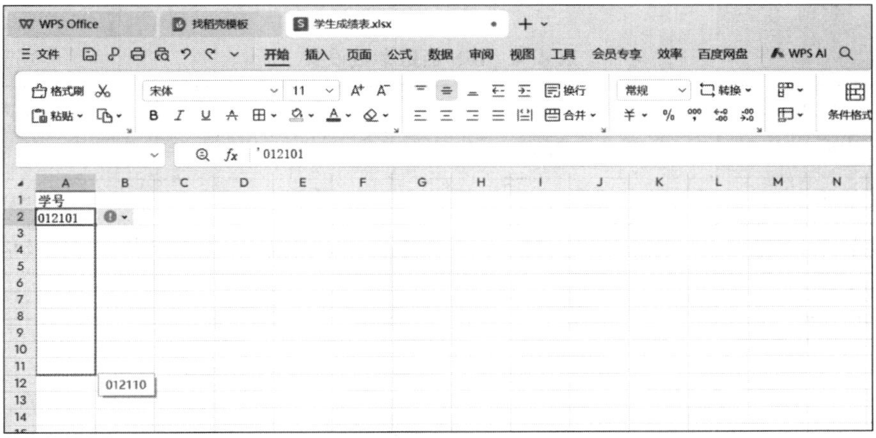

图 4-3　自动填充操作

自动填充功能可以用于填充所有的规律序列，如等差数列、日期和时间、星期等，也可以填充公式。除了向下方的单元格填充外，也可以向左、右、上方的单元格填充，向右、下方填充时数值会递增，向左、上方填充时数据会递减。除了本案例中用到的填充方法，还可以在“数据”选项卡中单击 填充 按钮进行多种形式的填充。

(3)右击界面左侧第 1 行行号，在弹出的快捷菜单中选择“在上方插入 1 行”，这样在步骤(2)输入的基础上就增加了一行。接着在 A1 单元格输入表格标题“2024 级信息安全本科班成绩表”。

(4)选中 H3 单元格，在“公式”选项卡中单击“求和”右侧的下拉箭头，在下拉菜单中选择“平均值”。检查 H3 单元格中自动出现的公式是不是“=AVERAGE(C3：G3)”，如果无误，就按 Enter 键确认；如果括号中不是“C3：G3”，可以用鼠标重新选取正确的范围后再按 Enter 键确认(“C3：G3”表示从 C3 单元格到 G3 单元格范围内的所有单元格)。

利用自动填充功能计算其余学生的平均成绩。

电子表格中提供了大量函数，包括数学和三角函数、文本、时间、逻辑、财务、查找和引用等不同类型，可以在“公式”选项卡的“函数库”中直接调用。比较常见的有SUM(求和)、AVERAGE(求平均值)、MAX(求最大值)、MIN(求最小值)、COUNT(计数)。每个函数都有一个函数名，后面跟一对括号，括号中可以指定参数。调用函数时，系统会根据给定的参数进行计算并返回一个结果。在指定函数计算区域时要注意逗号和冒号的区别。例如，SUM(C3：G3)表示求出C3到G3单元格范围内所有单元格数值的和，相当于“=C3+D3+E3+F3+G3”；而SUM(C3，G3)表示计算C3和G3这两个单元格数值的和，即“=C3+G3”。

在使用公式和函数时，要特别注意在输入法为英文状态下输入所有的符号。

(5)选中I3单元格，在“公式”选项卡中单击“插入”按钮，弹出“插入函数”对话框，在对话框上方的“查找函数”处输入“IFS”，对话框中间的“选择函数”列表框中就会出现IFS函数，选中该函数，单击“确定”按钮，打开“函数参数”对话框。

在真值和测试条件处输入表4-4所示的参数，填写后的效果如图4-4所示，单击“确定”按钮。

表4-4　IFS函数参数设置

测试条件1	H3>=90	真值1	"优"
测试条件2	H3>=80	真值2	"良"
测试条件3	H3>=70	真值3	"中"
测试条件4	H3>=60	真值4	"及格"
测试条件5	H3<60	真值5	"不及格"

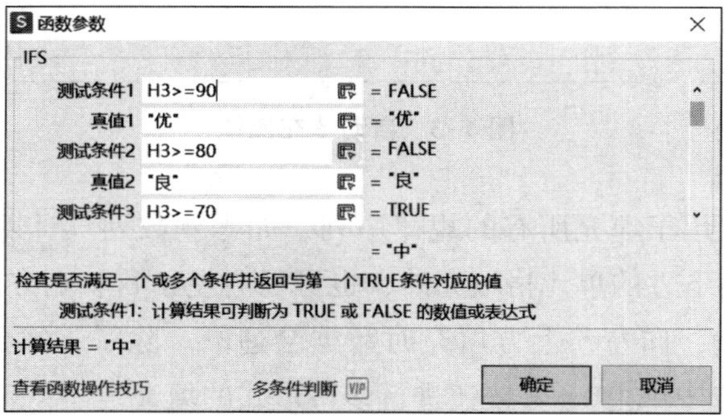

图4-4　IFS函数参数设置效果

利用自动填充功能计算其余学生的成绩等级。

IF和IFS函数都用来判断给定条件是否成立，并返回条件成立时的值，即真值。本案例中如果用IF函数计算可以写成

```
=IF(H3>=90,"优", IF(H3>=80,"良", IF(H3>=70,"中", IF(H3>=60,"及格","不及格"))))
```

(6)在界面左下角的工作表“Sheet1”标签处右击，在弹出的快捷菜单中选择“创建副本”，会生成一个和 Sheet1 完全相同的工作表“Sheet1(2)”。

双击工作表“Sheet1(2)”标签，工作表名称变为可编辑状态，将其修改为“成绩表”，按 Enter 键确认。后面的操作步骤都在该工作表内完成。

(7)选择 A1：I1 单元格区域，在“开始”选项卡中，单击“合并”右侧的下拉箭头，在下拉菜单中选择“跨列居中”。

跨列居中功能可以将 A1 单元格中的文本居中放置在选定的 A1：I1 单元格区域内，实现表格标题的居中。这个操作不能通过一般的字符居中功能完成，因为字符居中是相对单个单元格而言的。

除了跨列居中外，功能区的“开始”→“合并”下拉菜单中还包括合并居中、合并单元格、合并内容等。在本案例中，跨列居中和合并居中都可以将表格标题居中放置，两者的区别在于，A1：I1 单元格区域在使用跨列居中时还是单独的 9 个单元格，而合并居中会将 A1：I1 单元格区域合并为 1 个单元格。

(8)选中 A1 单元格，然后在“开始”选项卡中的 宋体 (字体)下拉列表中选择“黑体”，接着在“开始”选项卡中的 12 (字号)下拉列表中选择“14”，最后在“开始”选项卡中单击“加粗”按钮完成表格标题的字体、字号、字形设置。

(9)选中 A2：I2 单元格区域，然后在“开始”选项卡中“字体”组内的“字体”下拉列表中选择“宋体”，接着在“开始”选项卡中的“字号”下拉列表中选择“12”，完成表头的字体、字号设置。

选中 A2：I2 单元格区域，在“开始”选项卡的“对齐方式”组中分别单击(水平居中)和(垂直居中)按钮。

单元格中文本的对齐方式除了普通文本的 5 种水平对齐方式(左对齐、水平居中、右对齐、两端对齐、分散对齐)外，还有垂直方向的 3 种对齐方式(顶端对齐、垂直居中、底端对齐)。水平和垂直对齐方式可以组合使用，构成不同的对齐效果。

(10)选中 A3：B12 单元格区域，重复步骤(9)的操作。

(11)选中 C3：I12 单元格区域，然后在“开始”选项卡中的“字体”下拉列表中选择“宋体”，接着在“开始”选项卡中的“字号”下拉列表中选择“12”，完成表头的字体、字号设置。

选中 C3：I12 单元格区域，在“开始”选项卡中分别选中(右对齐)和(垂直居中)按钮。

(12)选中 H3：H12 单元格区域，在“开始”选项卡的“数字格式”组中单击(增加小数位数)按钮，平均分就保留 2 位小数了。

电子表格中的数据可以在“开始”选项卡中设置为不同的类别，如数值、文本、货币、百分比、短日期、时间等，每个类别中又包含不同的格式，如同一个日期类型的数据可以设置为“2024 年 8 月 8 日”“二〇二四年八月八日”“2024-08-08”“2024/8/8”等不同格式，相关设置可以在“单元格格式”对话框中完成，如图 4-5 所示。“单元格格式”对话框的打开方式是，先选中待修改区域，再右击，在弹出的快捷菜单中选择“设置单元格格式”。该对话框中包括了“数字”“对齐”“字体”“边框”等选项卡，可以完成单元格的很多功能设置。

(13)选中界面最左侧的行号 1 和 2(按 Shift 键可多选)，在选中的行号上右击，在弹出的快捷菜单中选择“行高”，在打开的“行高”对话框中输入“35”，并设置单位为“磅”。

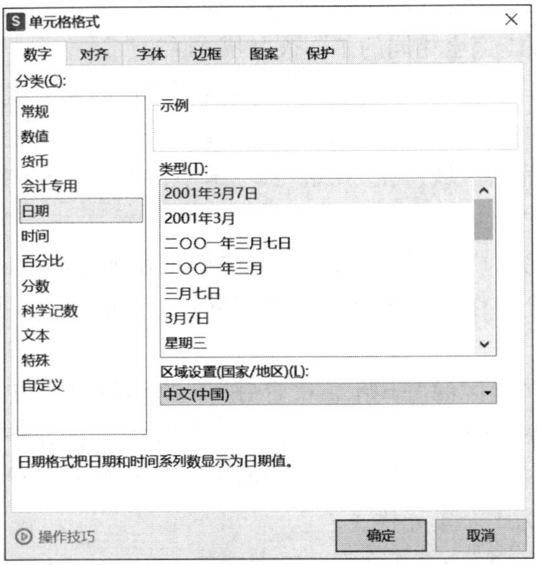

图 4-5 “单元格格式”对话框中的“数字”选项卡

选中行号 3~12，重复上面的操作，将行高改为 20 磅。

(14) 选中列号 A~I，在选中的列号上右击，在弹出的快捷菜单中选择“列宽”，在打开的“列宽”对话框中输入“20”，并设置单位为“字符”。

(15) 选中 A2：I12 单元格区域，在“开始”选项卡中单击⊞ ⌄(所有框线) 按钮右侧的下拉箭头，设置表格的边框线。

除了使用默认的黑色单线边框，对边框线还有很多设置，如对边框线的位置、颜色、粗细、线型等进行设置，可以满足个性化需求。相关操作可以在“单元格格式”对话框中的“边框”选项卡 (见图 4-6) 中完成。

图 4-6 “单元格格式”对话框中的“边框”选项卡

(16)选中 A2：I2 单元格区域，在“开始”选项卡中单击(填充颜色)按钮右侧的下拉箭头，选择喜欢的颜色填充单元格。

单元格填充设置也可以在“单元格格式”对话框中的“图案”选项卡(见图 4-7)中完成。

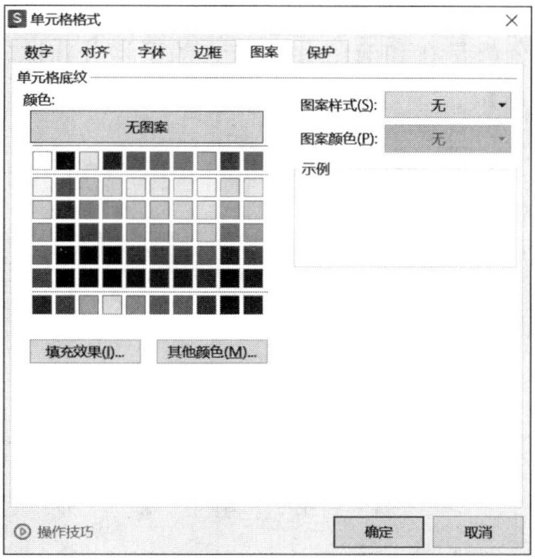

图 4-7 “单元格格式”对话框中的“图案”选项卡

4. 拓展任务

1)任务一

打开已完成的文件“学生成绩表.xlsx”，在其中的“Sheet1”工作表中进行如下操作后，将其另存为文件“学生成绩表_拓展 1.xlsx”。

①分别在 A13、A14 单元格中输入文本“最高分”“最低分”；在 A16 单元格中输入文本“班级人数”。

②在 C13：G13 单元格区域中，用 MAX 函数计算每门课程的最高分。

③在 C14：G14 单元格区域中，用 MIN 函数计算每门课程的最低分。

④在 B16 单元格中，用 COUNT 函数计算班级学生总人数。

⑤将学生各科成绩中低于 80 分的成绩所在的单元格标为浅红填充色深红文本。

提示：利用“开始”选项卡中的“条件格式”功能。

一般的格式设置是不考虑是否满足什么条件的，而“条件格式”功能是在设置格式前先判断单元格的值是否满足给定的条件，只有满足条件的才会进行格式设置，不满足的会保持原样。此外，“条件格式”功能还包含了数据条、色阶、图标等设置，可以用更丰富的形式表达数据的大小关系。

⑥利用新的规则给定学生的等级。新规则：如果学生的平均分高于所有人的平均分，则等级为“优”，否则就为空白。

提示：假设在 H15 单元格先求出所有学生的平均分，则写入 I3 单元格的公式是“=IF(H3>H$15,"优","")”。这里的单元格地址中出现了一个“$”符号，表示绝对地址。在公式引用中出现的诸如 A5、C2 这样的地址称为相对地址，系统在自动填充相对地址时，会根据填充位置自动变化地址中的行或列。但是在某些情况下，在自动填充时不希望地址发生变化，就要在地址的行号、列号前加上“$”符号。在本例中，当 I3 单元格的公式自动填充到 I4 单元格时，公式中的 H3（相对地址）会自动变化为 H4，而 H$15 则不会变化，这样可以保证每位同学的平均分都是在和 H15 中所有人的平均分作比较。

完成后效果如图 4-8 所示。

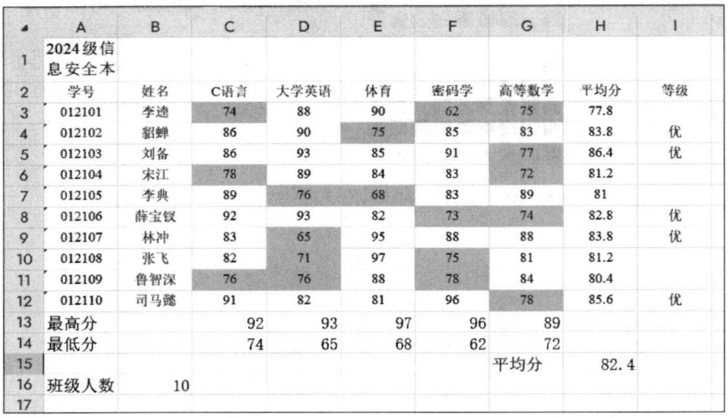

	A	B	C	D	E	F	G	H	I
1	2024级信息安全本								
2	学号	姓名	C语言	大学英语	体育	密码学	高等数学	平均分	等级
3	012101	李逵	74	88	90	62	75	77.8	
4	012102	貂蝉	86	90	75	85	83	83.8	优
5	012103	刘备	86	93	85	91	77	86.4	优
6	012104	宋江	78	89	84	83	72	81.2	
7	012105	李典	89	76	68	83	89	81	
8	012106	薛宝钗	92	93	82	73	74	82.8	优
9	012107	林冲	83	65	95	88	88	83.8	优
10	012108	张飞	82	71	97	75	81	81.2	
11	012109	鲁智深	76	76	88	78	84	80.4	
12	012110	司马懿	91	82	81	96	78	85.6	优
13	最高分		92	93	97	96	89		
14	最低分		74	65	68	62	72		
15							平均分	82.4	
16	班级人数	10							
17									

图 4-8　表格编辑和格式化操作效果

2）任务二

打开已完成的文件“学生成绩表 . xlsx”，在其中的“Sheet1”工作表中进行如下操作，并将文件另存为文件“学生成绩表_拓展 2. xlsx”。

①在 B 列和 C 列之间插入一列，标题为“性别”。

②将 C3：C12 单元格区域设置为下拉列表形式，列表项为“男”“女”，效果如图 4-9 所示。

提示：利用“数据”选项卡中的“下拉列表”功能。

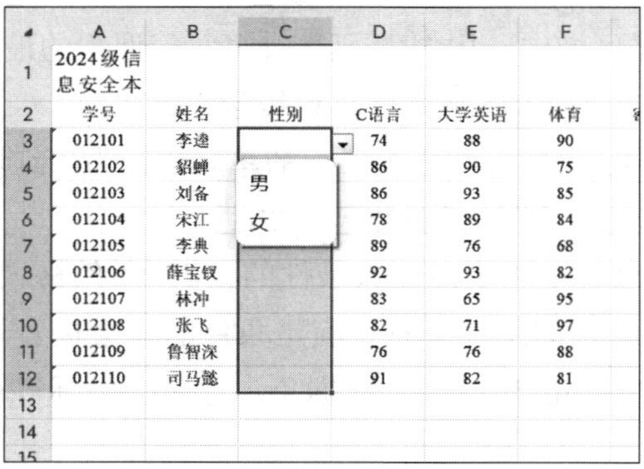

	A	B	C	D	E	F
1	2024级信息安全本					
2	学号	姓名	性别	C语言	大学英语	体育
3	012101	李逵		74	88	90
4	012102	貂蝉	男	86	90	75
5	012103	刘备	女	86	93	85
6	012104	宋江		78	89	84
7	012105	李典		89	76	68
8	012106	薛宝钗		92	93	82
9	012107	林冲		83	65	95
10	012108	张飞		82	71	97
11	012109	鲁智深		76	76	88
12	012110	司马懿		91	82	81
13						
14						
15						

图 4-9　下拉列表形式的单元格

③在“性别”列的右边插入一列，标题为“年龄”。

④设置“年龄”列数据输入的有效性规则为只能输入大于或等于 18 的整数，如图 4-10 所示。

提示：使用“数据”选项卡的“数据工具”组中的“有效性”功能。

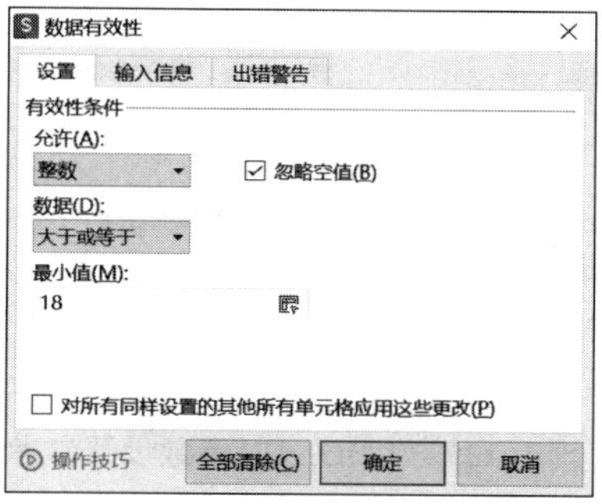

图 4-10 数据有效性设置

在利用电子表格收集数据时，如果不对用户的输入加以限制，则很可能接收到一些格式、内容不符合要求的数据。本任务中的步骤②、④的下拉列表、数据有效性设置就是为了在收集数据时限定用户的输入内容，避免出现无效、非法或格式不符合要求的数据，减轻后续的数据整理的工作负担。

3)任务三

打开文件“学生体测成绩 2024. xlsx”。观察原始的“Sheet1”工作表会发现，其中缺少了游泳项目的成绩，游泳成绩放置在“Sheet2”工作表中，但记录顺序又和“Sheet1”工作表中的不同。请在不改变“Sheet1”工作表中数据顺序的前提下，将“Sheet2”工作表中记录的游泳成绩填入其中，如图 4-11 所示，并将文件另存为文件“学生体测成绩 2024-完整 . xlsx”。

注意：其中有些值显示为“#N/A”，这表示没有在指定查找范围内找到对应的学号。

	A	B	C	D	E	F	G
1	学号	姓名	性别	班级	长跑/分钟	跳绳 /次	游泳/分钟
2	230103	李明辉	男	1班	3.7	196	1.4
3	230215	张雨萱	女	1班	4.2	234	2.6
4	230327	王志强	男	5班	5.3	65	3
5	230409	刘思琪	女	2班	2.9	247	1.3
6	230517	陈嘉欣	女	2班	4.8	81	#N/A
7	230606	杨梓轩	男	5班	3.5	248	1.8
8	230723	黄雅静	女	5班	5.1	206	2.5
9	230811	赵天宇	男	5班	2.6	178	1.9
10	230904	吴梦洁	女	5班	4.4	60	2.9
11	231025	周俊杰	男	4班	5.7	182	1.8
12	231113	徐浩然	男	2班	3.2	66	1.5
13	231207	孙晓燕	女	3班	4.1	153	3.3
14	231321	胡一帆	男	2班	5.5	171	3.2
15	231416	朱梓萱	女	2班	3.9	177	1.9
16	231502	秦俊杰	男	4班	2.7	112	1.7
17	240119	何梓铭	男	4班	5.2	75	3.1
18	240205	郭子豪	男	1班	4.6	230	2.1
19	240328	高雅琳	女	3班	3.1	179	2.7
20	240412	曹文轩	男	1班	5.6	158	2.2
21	240508	许心怡	女	4班	4.9	79	3.6
22	240614	韩雨辰	女	4班	3.8	183	2.6
23	240726	冯梓轩	男	4班	2.5	162	#N/A

Sheet1 Sheet2 +

图 4-11 任务三完成效果

提示：可以使用 VLOOKUP 函数，它可以在表格的首列查找指定的数值，并返回表格当前行中指定列的数值。在本任务中，可以在“Sheet1”工作表的 G2 单元格插入该函数，其参数设置效果可以参考图 4-12。

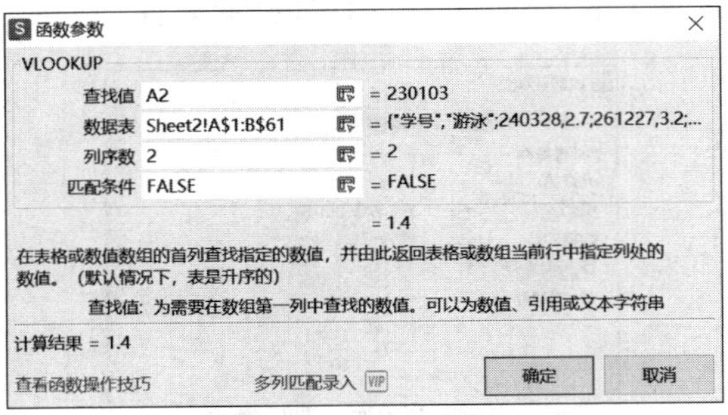

图 4-12　VLOOKUP 函数设置参考

其中各参数的含义如下。

查找值：需要在给定范围内的第 1 列查找的值。现在需要根据“Sheet1”工作表中的第一位学生的学号，在“Sheet2”工作表中找到对应的学号，所以参数值为“A2”。

数据表：指定查找的范围。本任务是在“Sheet2”工作表的所有数据中查找学号，所以该参数值设为“Sheet2！A＄1：B＄61”。注意此处使用了绝对地址，否则在将公式自动填充到其他单元格时会出现很多游泳成绩都为“#N/A”的情况。这是因为相对地址在填充时会自动变化，导致指定的查找范围没有覆盖所有数据。读者可自行尝试，并再次体会这两种地址的区别。

列序数：一个整数，用来指定在查找范围内找到值后，对应返回的数据在查找范围的哪一列。本任务中，在“Sheet2”工作表中找到学号后，需要返回的就是学号后面的游泳成绩，它在第 2 列，所以该参数设置为数字“2”。

匹配条件：指定在查找时是精确匹配还是大致匹配。如果为 True 或不填写，表示大致匹配；如果为 False，表示精确匹配。

实验 4-2　制作图表

1. 实验目的

①掌握图表的创建、编辑和格式化操作。

②理解图表的元素构成。

2. 实验要求

最终效果如图 4-13 所示。

打开实验 4-1 完成的文件“学生成绩表 . xlsx”，将其另存为文件“学生成绩图表 . xlsx”，然后在其中完成以下操作。

①在“成绩表”工作表中创建一个簇状柱形图，内容包含前五名学生的各科成绩。

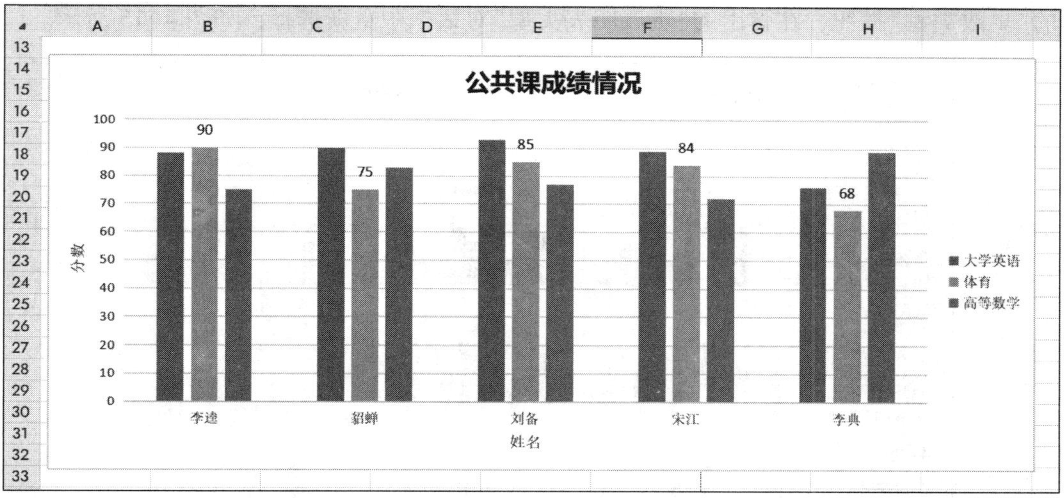

图 4-13 公共课成绩情况柱形图效果

②将生成的图表移动并覆盖 A14：I32 单元格区域。

③将柱状图横坐标改为学生姓名，而不是课程名。

④将图表中的“C 语言”和“密码学”系列删除。

⑤修改图表标题为“公共课成绩情况”。

⑥添加横坐标名称为“姓名”，纵坐标名称为“分数”。

⑦修改纵坐标的主要间隔为 10。

⑧增加“体育”系列的数据标签，使其显示具体的成绩。

⑨将图例放在图表右侧。

⑩修改图表标题格式：黑体，16 pt，加粗。

⑪设置图表外边框，使其有向右下斜偏移的外部阴影效果。

3. 实验步骤

(1)选中“成绩表”工作表的 B2：G7 单元格区域，在“插入”选项卡中找到（插入柱形图）按钮，单击其右侧的下拉箭头，选择第一个预设选项。

电子表格是根据所选择的数据源来生成图表的，只有提供了正确、齐全的数据，才能生成正确的图表。本实验中容易犯的错误是，漏选了 B2：G2 单元格区域或者 B2：B7 单元格区域。一旦漏选了这些区域，生成的图表就会缺少姓名、课程名信息。

如果在图表生成后，发现数据选取有问题，可以先选中图表，然后单击“图表工具”选项卡中的“选择数据”按钮，在弹出的“编辑数据源”对话框中重新提供正确的数据范围，如图 4-14 所示。

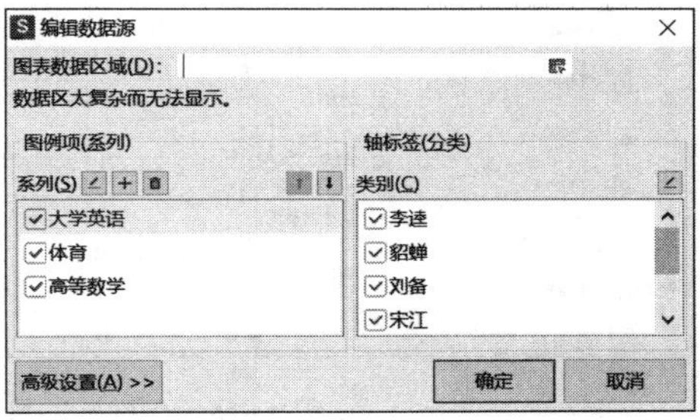

图 4-14 “编辑数据源”对话框

如果要改变图表的类型，如从现有簇状柱形图改为其他柱形图或者折线图，可以先选中图表，然后单击“图表工具”选项卡中“图表样式”组内的“更改类型”按钮，在弹出的“更改图表类型”对话框中重新选择，如图 4-15 所示。

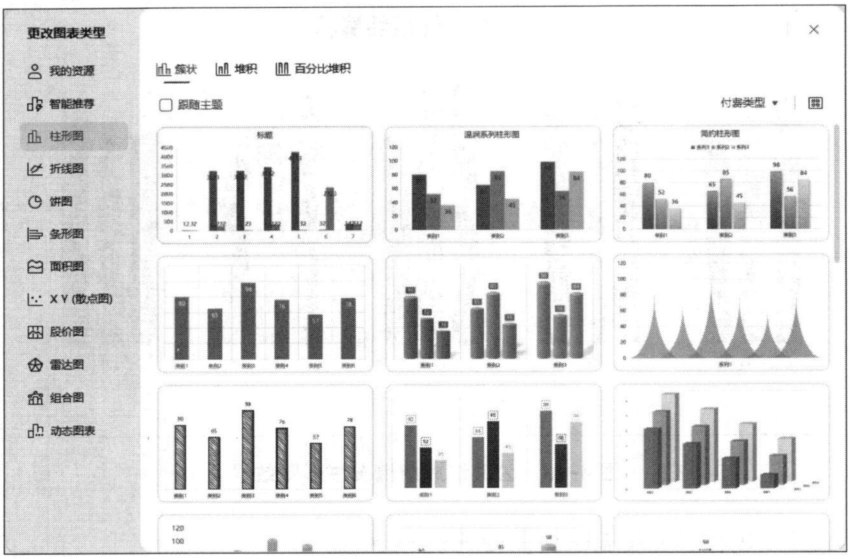

图 4-15 “更改图表类型”对话框

(2)选中图表，将其左上角拖动到 A14 单元格左上角的位置，然后像拉伸图片一样把图表放大，使其覆盖 A14：I32 单元格区域。

(3)选中图表，在“图表工具”选项卡中单击“切换行列”按钮。

(4)选中图表中代表 C 语言成绩的任何一个柱形，按 Delete 键将“C 语言”系列删除。利用同样的方法将“密码学”系列删除。

一个图表其实是由多种元素组成的，如图表标题、数据系列、坐标轴、轴标题、图例、数据标签、网格线等，每种元素都可编辑。通过“图表工具”选项卡中“图表布局”组内的“添加元素”下拉列表(见图 4-16)或者在选中图表后单击右侧的 (图表元素)按钮(见图 4-17)，可以增加或去除某个元素，也可以对某类元素的位置、格式等属性进行设置。

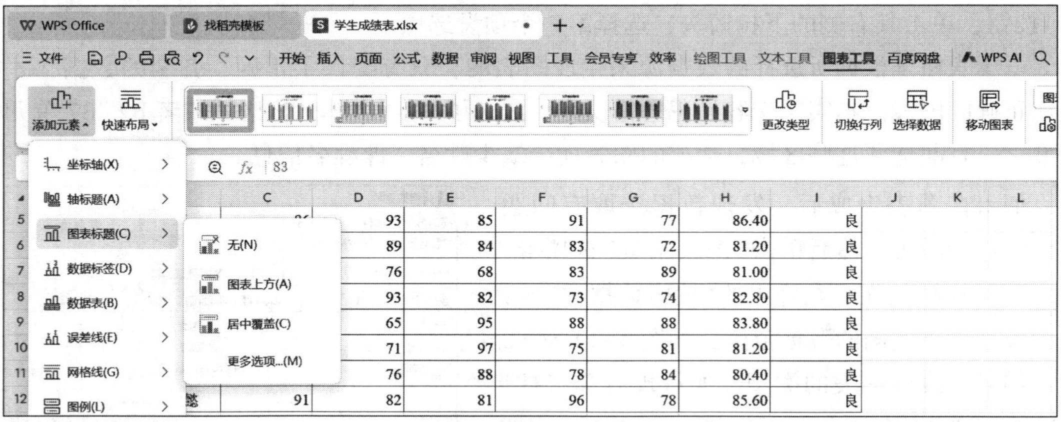

图 4-16 “图表工具”选项卡中的“添加元素”下拉按钮

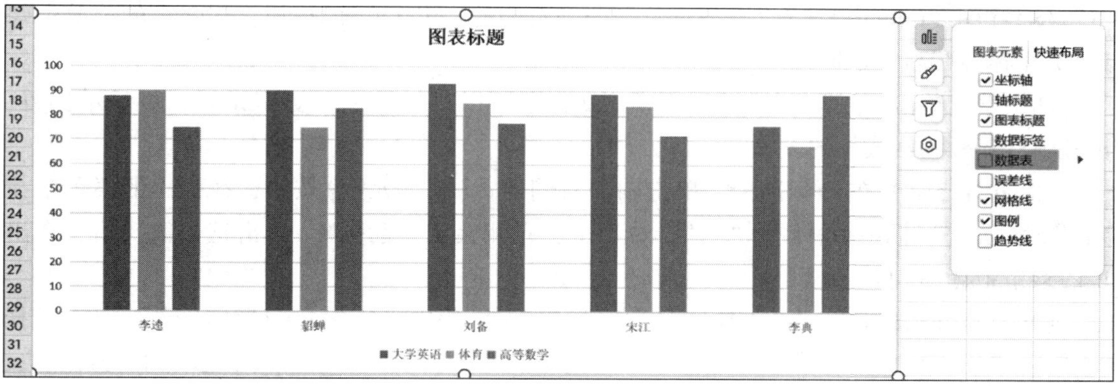

图 4-17 单击“图表元素”按钮

(5)选中图表标题部分，将其内容改为“公共课成绩情况”。

(6)选中整个图表，单击图表右侧的“图表元素”按钮，在弹出的菜单中勾选“轴标题”复选框，图表上就会在横、纵坐标相应位置增加“坐标轴标题”字样，将两个坐标轴标题分别修改为“姓名”和“分数”。

(7)选中图表，单击“图表工具”选项卡中的“设置图表区域格式”按钮，打开“属性”窗格(见图 4-18)。

选中图表中的纵坐标，“属性”窗格中的内容会变成和坐标轴相关的内容。找到“属性”窗格→“坐标轴选项”→“坐标轴”→“坐标轴选项”→“单位”，在其中“主要”后面的文本框中输入数字“10”，按 Enter 键确认，如图 4-18 所示。

“属性”窗格主要用于对各图表元素的格式进行设置，它会随着所选择的元素不同而变化，是图表格式设置操作中最常使用的工具之一。

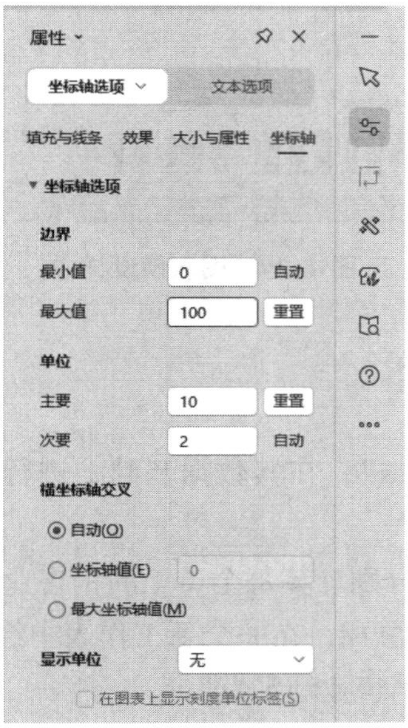

图 4-18 “属性”窗格

(8)在图表中选中“体育”系列，单击图表右侧的“图表元素”按钮，在弹出的菜单中勾选“数据标签”复选框即可。

如果继续单击“数据标签”右侧的箭头▶，还可以对标签进行更多设置，如显示位置、标签内容、标签格式等的设置。

(9)选中图表中的图例部分，单击图表右侧的(图表元素)按钮，在弹出的菜单中找到“图例”，将鼠标指针移动到“图例”选项上，右侧会出现箭头▶。单击这个箭头后，在出现的菜单中选择“右”。

(10)选中图表标题，在“文本工具”选项卡中“字体”组内的宋体 (正文)(字体)下拉列表中选择“黑体”，在“文本工具”选项卡中的10(字号)下拉列表中选择“16”，并单击B(加粗)按钮。

(11)选中图表，单击“绘图工具”选项卡中“形状样式”组内的“效果”按钮，选择“阴影”→“外部”→“右下斜偏移”。

除了通过文本工具、绘图工具来自定义图表的字体、色彩等，还可以直接利用图表工具中的各种预设样式方便、快捷地改变图表外观，如图 4-19 所示。

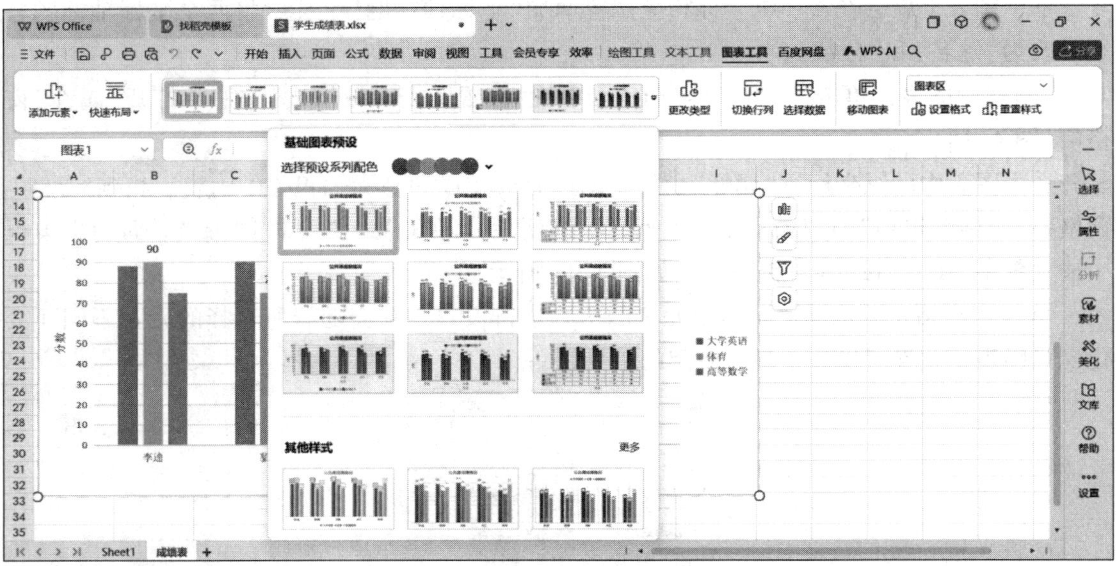

图 4-19　图表预设样式

4. 拓展任务

1)任务一

打开文件“员工销售业绩 . xlsx”，在其数据基础上进行如下操作后，将文件另存为“员工销售业绩图表 . xlsx”。

①在 E2：E6 单元格区域中分别计算每个员工的销售业绩总和。

②根据每位员工的销售业绩总和，在一个新工作表中绘制一张折线图。

③将图表标题改为“三季度销售业绩汇总”。

④增加横坐标标题为“员工姓名”，纵坐标标题为“业绩额/元”。

⑤不显示图例。

⑥将纵坐标数值修改为：最小值为 30 000，最大值为 70 000，间隔值为 5 000，数据类型是货币，不保留小数位数。

完成后效果如图 4-20 所示。

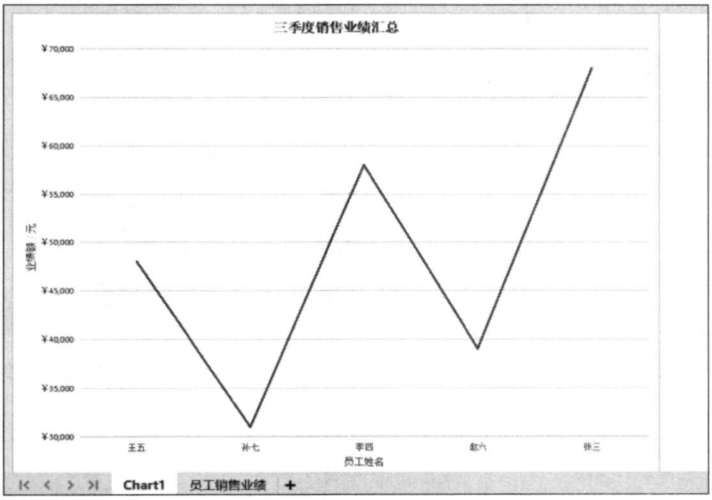

图 4-20　图表拓展任务一效果

2)任务二

新建一个空白电子表格，完成如下操作后，将文件另存为“散点图.xlsx”。

①随机生成 50 组身高、体重数据，分别放在 A、B 两列，如图 4-21 所示。

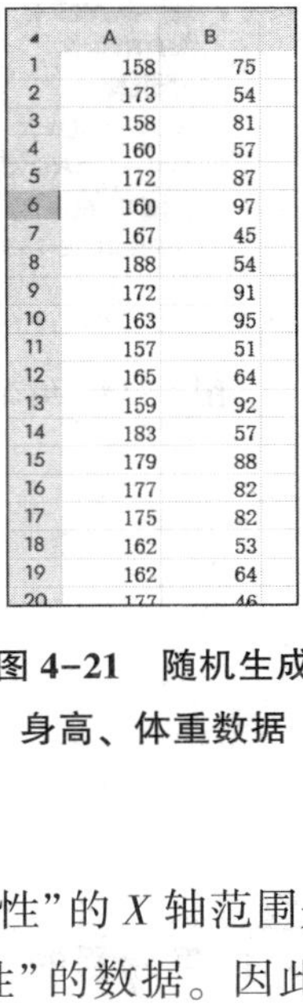

	A	B
1	158	75
2	173	54
3	158	81
4	160	57
5	172	87
6	160	97
7	167	45
8	188	54
9	172	91
10	163	95
11	157	51
12	165	64
13	159	92
14	183	57
15	179	88
16	177	82
17	175	82
18	162	53
19	162	64

图 4-21　随机生成身高、体重数据

提示 1：RANDBETWEEN 函数可以生成指定范围的随机整数，如 RANDBETWEEN(50，100)会生成一个在 50~100 范围内的整数。

提示 2：本任务设定身高范围是 150~190 cm，体重范围是 35~100 kg。

②利用 50 组身高、体重数据创建一个散点图。

③假定前 25 组为男性数据，后 25 组为女性数据。将散点图中散点分成男、女两类，即表示为两种颜色。

提示：选中散点图，单击“图表工具”→“选择数据”按钮，打开“编辑数据源”对话框，如图 4-22 所示，利用其中的三个按钮可以分别对数据系列进行修改、增加、删除操作。

分析本任务可知，散点图需要包含“男性”“女性”两个系列，系列“男性”的 X 轴范围是 A 列的前 25 个数据，Y 轴范围是 B 列的前 25 个数据，其余为系列“女性”的数据。因此，先单击按钮，打开“编辑数据系列”对话框，将其中的系列名称、X 轴系列值、Y 轴系列值按照图 4-23 所示进行修改，框定男性数据的范围，单击“确定”按钮；再次单击按钮，打开“编辑数据系列”对话框，将其中的系列名称、X 轴系列值、Y 轴系列值按照图 4-24 所示进行修改，框定女性数据的范围，单击“确定”按钮。此时，“编辑数据源”对话框中的系列已变为“男性”“女性”两个，最后单击“编辑数据源”对话框的“确定”按钮。

④将横坐标的最小值调整为140。

⑤增加图表标题，内容为“男、女身高、体重分布图”。

⑥增加横坐标标题为“身高/cm”，纵坐标标题为“体重/kg”

完成后效果如图4-25所示。

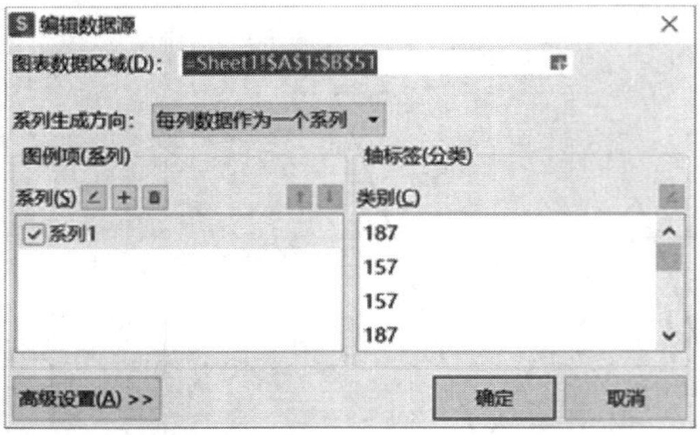

图4-22 “编辑数据源”对话框

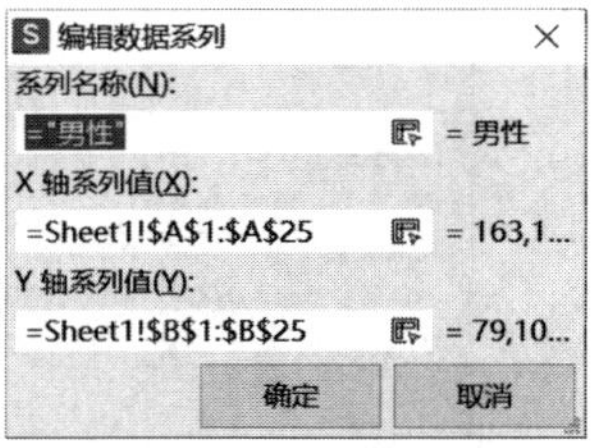

图4-23 编辑“男性”数据系列

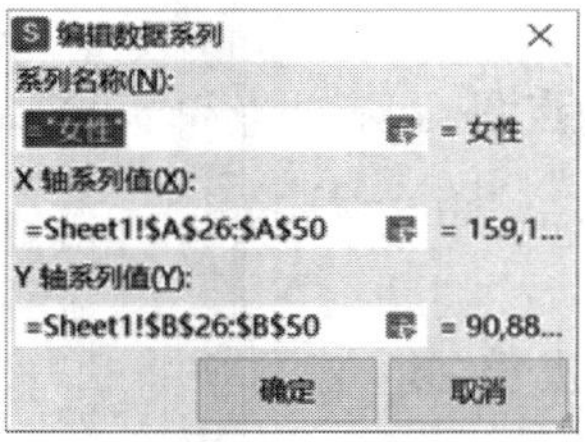

图4-24 编辑“女性”数据系列

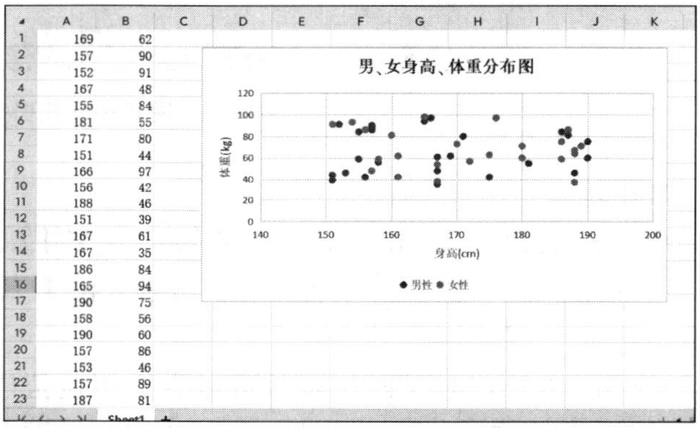

图4-25 男、女身高、体重分布图效果

实验4-3 数据排序和筛选

1. 实验目的

①了解数据排序和筛选的使用场景。

②掌握不同情况下排序和筛选的设置方法。

2. 实验要求

打开文件“员工表.xlsx”，将其另存为“排序和筛选.xlsx”，然后在其中完成以下操作。

①创建“Sheet1”工作表的两个副本，分别重命名为“排序”“筛选”。

②将“排序”工作表中的数据按照月薪从高到低排序，如果月薪相同，则按照年龄从大到小排序，效果如图 4-26 所示。

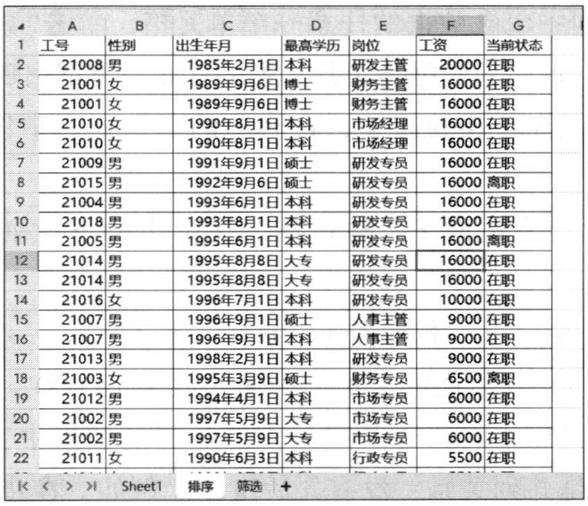

	A	B	C	D	E	F	G
1	工号	性别	出生年月	最高学历	岗位	工资	当前状态
2	21008	男	1985年2月1日	本科	研发主管	20000	在职
3	21001	女	1989年9月6日	博士	财务主管	16000	在职
4	21001	女	1989年9月6日	博士	财务主管	16000	在职
5	21010	女	1990年8月1日	本科	市场经理	16000	在职
6	21010	女	1990年8月1日	本科	市场经理	16000	在职
7	21009	男	1991年9月1日	硕士	研发专员	16000	在职
8	21015	男	1992年9月6日	硕士	研发专员	16000	离职
9	21004	男	1993年6月1日	本科	研发专员	16000	在职
10	21018	男	1993年8月1日	本科	研发专员	16000	在职
11	21005	男	1995年6月1日	本科	研发专员	16000	离职
12	21014	男	1995年8月8日	大专	研发专员	16000	在职
13	21014	男	1995年8月8日	大专	研发专员	16000	在职
14	21016	女	1996年7月1日	本科	研发专员	10000	在职
15	21007	男	1996年9月1日	硕士	人事主管	9000	在职
16	21007	男	1996年9月1日	本科	人事主管	9000	在职
17	21013	男	1998年2月1日	本科	研发专员	9000	在职
18	21003	女	1995年3月9日	硕士	财务专员	6500	离职
19	21012	男	1994年4月1日	本科	市场专员	6000	在职
20	21002	男	1997年5月9日	大专	市场专员	6000	在职
21	21002	男	1997年5月9日	大专	市场专员	6000	在职
22	21011	女	1990年6月3日	本科	行政专员	5500	在职

图 4-26　数据排序效果

③在“筛选”工作表中筛选出符合如下条件的数据：女性在职员二，且月薪在 10 000 元以上，效果如图 4-27 所示。

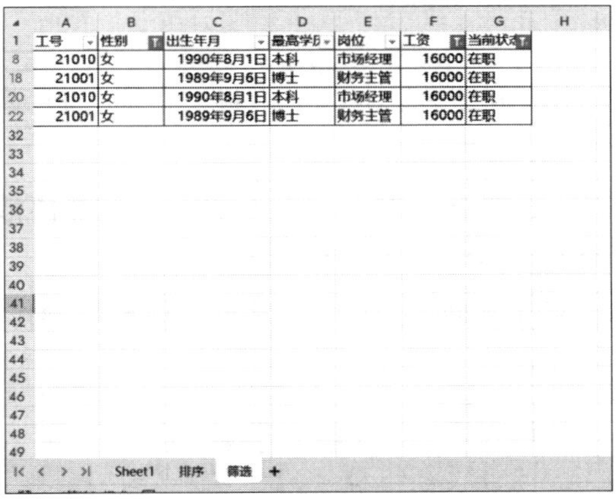

	A	B	C	D	E	F	G
1	工号	性别	出生年月	最高学历	岗位	工资	当前状态
8	21010	女	1990年8月1日	本科	市场经理	16000	在职
18	21001	女	1989年9月6日	博士	财务主管	16000	在职
20	21010	女	1990年8月1日	本科	市场经理	16000	在职
22	21001	女	1989年9月6日	博士	财务主管	16000	在职

图 4-27　数据筛选效果

3. 实验步骤

(1)在电子表格界面左下角，右击“Sheet1”工作表标签，在弹出的快捷菜单中选择“创建副本”，生成一个新的工作表“Sheet1(1)”，双击其标签，重命名为“排序”。

重复这个步骤，创建“Sheet1”工作表的另一个副本，并重命名为“筛选”。

(2)选中“排序”工作表中包含数据的任意一个单元格，单击“数据”选项卡中的排序(排序)按钮右侧的下拉箭头，在弹出的下拉菜单中选择“自定义排序”，弹出“排序”对话框。

选择“工资”作为主关键字，次序为“降序”。

单击“排序”对话框内的“添加条件”按钮，然后选择“出生年月”作为次要关键字，次序为“升序”，单击“确定”按钮完成排序。

除了“自定义排序”功能外，WPS还提供了快速排序的功能，只需先选定排序关键字所在列的任意一个单元格，然后单击“排序”按钮右侧的下拉箭头，直接选择“升序”或“降序”即可。这种方法适合仅以单一列作为排序依据的情况。

(3)选中“筛选”工作表中包含数据的任意一个单元格，单击“数据”选项卡中的（筛选）按钮，开启数据筛选状态。此时，数据表中每一列的标题右侧都出现了一个下拉按钮。

单击“性别”列标题旁边的下拉按钮，在弹出的下拉列表中仅勾选“女”复选框，然后单击“确定”按钮。

单击“当前状态”列标题旁边的下拉按钮，在弹出的下拉列表中仅勾选“在职”复选框，然后单击“确定”按钮。

再单击“工资”列标题旁边的下拉按钮，选择“数字筛选”→“大于”，弹出“自定义自动筛选方式”对话框。在“大于”后面的文本框中输入数字10 000，单击“确定”按钮。

筛选功能主要使用在只想查看符合某些条件的数据的场景中，条件可以是一个也可以是多个，且多个条件之间是并列关系，没有先后次序。例如，在步骤(3)中如果先筛选在职员工，再筛选月薪在10 000元以上的，最后筛选女性员工，效果是相同的。

筛选功能只是将不符合条件的数据隐藏起来，并没有删除任何数据。例如，再次单击“性别”列标题旁边的下拉按钮，勾选“全选”复选框，男性员工的数据就又显示出来了。如果想要关闭数据筛选状态，只需再次单击“数据”选项卡中的（筛选）按钮。

4. 拓展任务

打开文件“育才中学兴趣班成绩表.xlsx”，将其另存为“排序和筛选拓展.xlsx”，完成如下操作。

①计算每位学生的总成绩。要求：总分还是百分制，按照离散数学、数据结构、操作系统三门课程的权重分别是0.2、0.4、0.4来计算。

②将所有数据按照总分降序排列，如果总分相同，就按照操作系统课程成绩降序排列。效果如图4-28所示。

	A	B	C	D	E
1	学号	离散数学	数据结构	操作系统	总分
2	2032622	93	78	77	80.6
3	2032611	69	76	85	78.2
4	2032602	74	75	81	77.2
5	2032616	75	69	86	77
6	2032617	90	78	69	76.8
7	2032612	78	63	85	74.8
8	2032603	87	63	77	73.4
9	2032632	64	66	85	73.2
10	2032637	70	87	60	72.8
11	2032607	80	71	70	72.4
12	2032621	35	86	77	72.2
13	2032636	77	80	60	71.4
14	2032633	86	75	60	71.2
15	2032610	74	60	80	70.8
16	2032605	47	68	81	69
17	2032618	89	73	55	69
18	2032634	78	71	60	68
19	2032604	76	60	70	67.2
20	2032608	87	61	60	65.8
21	2032619	71	67	61	65.4
22	2032615	42	74	60	62
23	2032635	81	50	60	60.2

Sheet1

图4-28　按成绩排序效果

③筛选离散数学成绩在 80~90 分(含)范围内的学生数据，并将它们复制到一个新工作表“离散数学”中，如图 4-29 所示。

学号	离散数学	数据结构	操作系统	总分
2032617	90	78	69	76.8
2032603	87	63	77	73.4
2032607	80	71	70	72.4
2032633	86	75	60	71.2
2032618	89	73	55	69
2032608	87	61	60	65.8
2032635	81	50	60	60.2

Sheet1 离散数学

图 4-29 按离散数学成绩筛选结果

实验 4-4 数据分类统计

1. 实验目的

①熟悉分类汇总的操作流程。

②掌握数据透视表的使用。

2. 实验要求

打开文件“大学生毕业收入数据表 . xlsx”，完成如下操作后保存。

①筛选出“总人数”超过 10 万(含)的数据，并复制到新工作表“超 10 万数据”中。

②基于“超 10 万数据”工作表的数据，利用分类汇总功能统计出不同专业类别收入中位数的平均值，效果如图 4-30 所示。

③基于“大学毕业生收入数据集”工作表的数据，利用数据透视表统计不同专业类别毕业生总数和待业人数的平均值，效果如图 4-31 所示。

	A	B	C	D	E	F	G
1	专业代码	专业名称	专业类别	总人数	已就业人数	待业人数	收入中位数
2	1902	新闻学	传媒	418104	314438	20754	50000
3	1901	传播学	传媒	987676	790696	54390	50000
4	1903	大众传媒	传媒	211213	170474	15431	48000
5	1904	广告和公共关系	传媒	186829	147433	10624	50000
6			**传媒 平均值**				49500
7	1401	建筑学	工程	294692	216770	20394	63000
8	2405	化学工程	工程	188046	131697	6388	86000
9	2406	土木工程	工程	358593	262831	14823	78000
10	2407	计算机工程	工程	154160	128742	7456	80000
11	2408	电子工程	工程	671647	489965	26064	88000
12			**工程 平均值**				79000
13	2100	计算机与信息系统	计算机和数学	253782	218248	11945	65000
14	2102	计算机科学	计算机和数学	783292	656372	34196	78000
15	3700	数学	计算机和数学	432806	280902	15701	66000
16			**计算机和数学 平均值**				69666.66667
17	6103	医学检验	健康	108510	85360	5160	50000
18			**健康 平均值**				50000
19	2304	初等教育学	教育	1446701	819393	32685	40000
20	2300	教育学	教育	1438867	843693	38742	43000
21	2306	体育与健康教育	教育	281661	193542	9389	48400
22	2307	早期教育	教育	157079	113460	5890	35300
23	2310	特殊教育	教育	149689	108272	5357	42000

大学毕业生收入数据集　超10万数据

图 4-30　分类汇总效果

	A	B	C
1			
2			
3	**专业类别**	**求和项:总人数**	**平均值项:待业人数**
4	传媒	1803822	25299.75
5	法律	67037	3699
6	工程	1989684	5480.8125
7	计算机和数学	1712053	8357.222222
8	健康	108510	5160
9	教育	3921918	10484.5
10	农业与自然资源	632437	1855.1
11	人文科学	2925748	13866.8
12	商科	7317856	41540
13	社会科学	2449009	20380
14	生物与生命科学	1308797	4324.692308
15	心理学	1516625	20257.25
16	医学	2103765	9668.2
17	艺术	229958	8043
18	自然学科	137394	1617.5
19	**总计**	**28224613**	**11628.90291**
20			
21			
22			
23			

Sheet2　大学毕业生收入数据集　超10万数据

图 4-31　数据透视表效果

3. 实验步骤

（1）选中“大学毕业生收入数据集”工作表中的任意一个有数据的单元格，单击“数据”选项卡中的“筛选”按钮，打开数据筛选状态。

（2）单击“总人数”列右侧的▾下拉按钮，在下拉列表中选择“数字筛选”→“大于或等于”，弹出“自定义自动筛选方式”对话框，在“大于或等于”右侧的文本框中输入数字“100 000”，单击“确定”按钮。

（3）单击界面左下方、工作表标签右侧的＋（新建工作表）按钮，新建一个工作表“Sheet1”，双击其标签，更改名称为“超 10 万数据”，按 Enter 键确认输入。

（4）将在步骤（2）筛选出的所有数据选中并复制，再粘贴到“超 10 万数据”工作表中起始于 A1 单元格的区域。

(5)选中“超 10 万数据”工作表的所有数据，单击“开始”选项卡中的(行和列)下拉按钮，在弹出的下拉列表中选择“最合适的列宽”。

(6)选中“超 10 万数据”工作表中专业类别列的任意一个数据，单击“数据”选项卡中的“排序”按钮右侧的下拉箭头，在下拉列表中选择“升序”。

分类汇总分为分类和汇总两个步骤，缺一不可。将数据按照专业类别列进行排序就完成了分类这个步骤。因为在排序完成后，同一个专业类别的数据就会显示在一起，相当于被分类了，这是下一步进行汇总的必要条件。对未完成分类的数据应用分类汇总功能，会得到混乱的汇总结果。至于在排序时选择升序还是降序，是无关紧要的。因为无论升序还是降序，都可以将同一个专业类别的数据显示在一起。

(7)选中“超 10 万数据”工作表中包含数据的任意单元格，单击“数据”选项卡中的(分类汇总)按钮，弹出“分类汇总”对话框。设置其中的“分类字段”为“专业类别”，“汇总方式”为“平均值”，“选定汇总项”为“收入中位数”，其余设置保持默认状态，如图 4-32 所示。

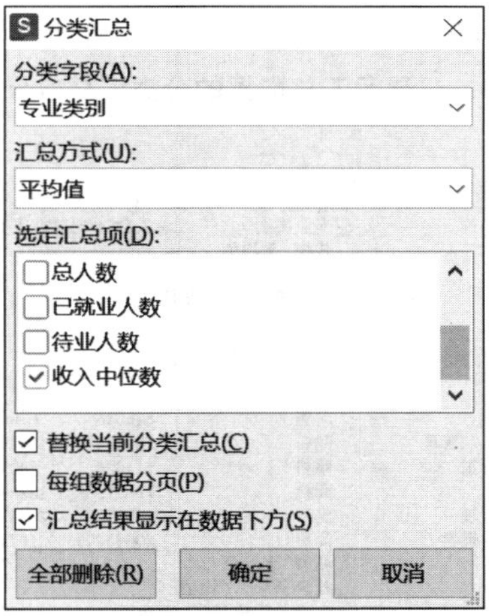

图 4-32 “分类汇总”对话框设置效果

在步骤(6)的分类基础上，本步骤完成了汇总操作。“分类汇总”对话框中需要设置的内容主要包括以下几个。

①分类字段：用来指定分组依据，注意这里指定的字段必须和步骤(6)的排序字段是一致的。

②汇总方式：指定一种统计计算方法，包括求和、平均值、最大值、最小值、方差等常见统计量。

③选定汇总项：指定汇总方式是应用到哪一列或几列数据的。

④替换当前分类汇总：勾选该复选框代表用现有的汇总方式替换已有的，不勾选代表在现有分类汇总基础上新增一个汇总。

完成步骤(6)后会得到图 4-33 所示的分类汇总结果。每个类别(如传媒、工程等)的下方增加了一行“平均值”，并且在对应的“收入中位数”列显示具体数据，在整个表格的最下方还增加了一行，显示所有数据的“总平均值”。

同时，在界面左侧还出现了 1 2 3 三个按钮，这是用来调整分类汇总显示级别的。目前看到的是最详细的第 3 级，明细数据和汇总数据都会显示。如果单击数字“2”，会出现如图 4-33 的效果，即仅显示汇总数据，隐藏了明细数据。用户还可以单击行号左侧的“+”按钮，再将明细数据显示出来，如图 4-34 所示。如果单击数字“1”，则只显示“总平均值”数据，如图 4-35 所示。

	A	B	C	D	E	F	G
1	专业代码	专业名称	专业类别	总人数	已就业人数	待业人数	收入中位数
6			传媒 平均值				49500
12			工程 平均值				79000
16			计算机和数学 平均值				69666.66667
18			健康 平均值				50000
26			教育 平均值				42328.57143
29			农业与自然资源 平均值				48000
37			人文科学 平均值				46000
44			商科 平均值				57833.33333
49			社会科学 平均值				57000
52			生物与生命科学 平均值				51500
54			心理学 平均值				45000
57			医学 平均值				84000
59			艺术 平均值				42000
61			自然学科 平均值				65000
62			总平均值				55745.65217

图 4-33 只显示汇总数据的分类汇总效果(2 级)

	A	B	C	D	E	F	G
1	专业代码	专业名称	专业类别	总人数	已就业人数	待业人数	收入中位数
6			传媒 平均值				49500
12			工程 平均值				79000
16			计算机和数学 平均值				69666.66667
18			健康 平均值				50000
26			教育 平均值				42328.57143
29			农业与自然资源 平均值				48000
37			人文科学 平均值				46000
38	6207	金融学	商科	816548	670681	34166	65000
39	6209	人力资源管理	商科	187274	142879	9241	54000
40	6206	市场营销	商科	1114624	890125	51839	56000
41	6201	会计学	商科	1779219	1335825	75379	65000
42	6203	工商管理	商科	3123510	2354398	147261	58000
43	6211	医学管理学	商科	200854	163393	8862	49000
44			商科 平均值				57833.33333
49			社会科学 平均值				57000
52			生物与生命科学 平均值				51500
54			心理学 平均值				45000
57			医学 平均值				84000
59			艺术 平均值				42000
61			自然学科 平均值				65000
62			总平均值				55745.65217

图 4-34 显示部分明细数据的分类汇总效果(2 级)

	A	B	C	D	E	F	G
1	专业代码	专业名称	专业类别	总人数	已就业人数	待业人数	收入中位数
62			总平均值				55745.65217
63							

图 4-35 仅显示总平均值的分类汇总效果(1 级)

(8)关闭“大学毕业生收入数据集”工作表的筛选状态，单击“数据”选项卡中的(数据透视表)按钮，弹出“创建数据透视表”对话框，然后进行如下设置，如图 4-36 所示。

在“请选择要分析的数据”栏选择“请选择单元格区域”，单击输入框右侧的按钮，然后通过鼠标选中所有数据；在“请选择放置数据透视表的位置”栏选择“新工作表”。

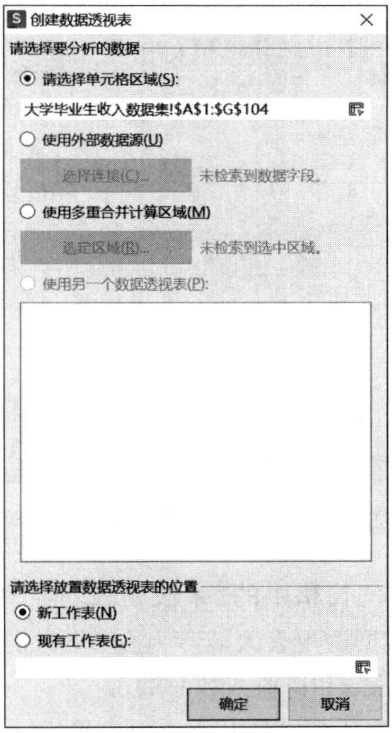

图 4-36　创建数据透视表设置参考

单击“确定”按钮后，软件会创建一个名为“Sheet2”的新工作表，该工作表左侧包含了一个空的数据透视表区域，并在界面右侧显示“数据透视表”窗格，如图 4-37 所示。

图 4-37　新建的空白数据透视表

(9)勾选“数据透视表”窗格中的“字段列表”栏中的“专业类别”字段，将其拖动到“数据透视表区域”→“行”下方的空白框里。此时，左侧的数据透视表就会分行显示所有的专业类别，如图 4-38 所示。

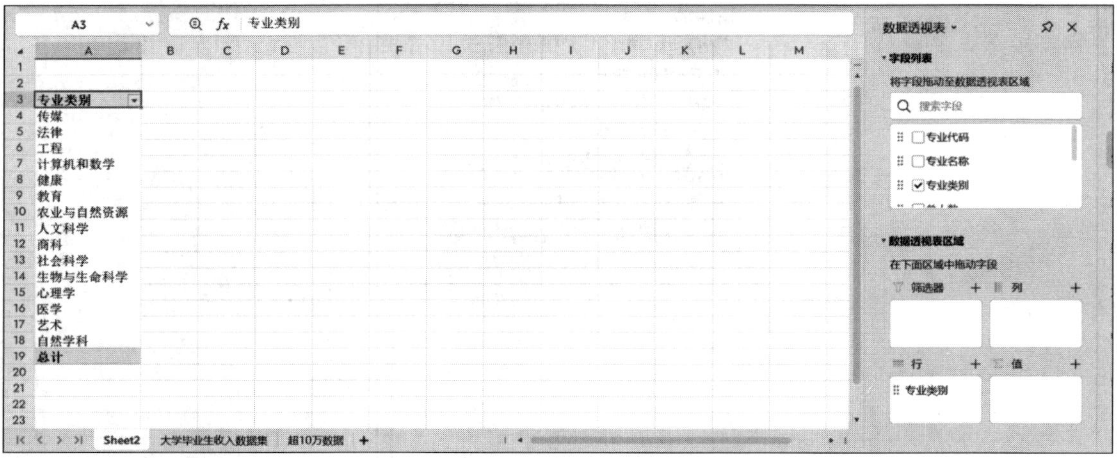

图 4-38　部分数据透视表显示效果

(10)继续勾选“数据透视表”窗格中的“字段列表”栏中的“总人数”“待业人数”字段，这两个字段被自动放置在了“数据透视表区域”→“值”下方的空白框里。此时数据透视表已经包含了各专业类别的毕业生总数和待业人数总数。

由此可以看出，一个数据透视表主要由两个因素确定，一个是选定的字段，另一个是不同字段摆放的位置。

(11)右击数据透视表第 3 列的标题“求和项：待业人数”，在弹出的快捷菜单中选择“值汇总依据”→“平均值”，将待业人数的汇总方式从求和改为求平均值。

利用分类汇总和数据透视表都可以进行数据的汇总和统计，但各有优劣，用户可以根据实际情况选择合适的功能。

①数据透视表的操作更简洁、灵活，不需要像分类汇总一样事先对数据进行排序，且可以改变字段的摆放位置并即时观察到呈现的效果。

②数据透视表可以对不同字段进行不同的汇总(求平均值、求和、求方差等)，而分类汇总一次只能选择一种汇总方式。

③分类汇总的结果有不同分级，既可以看到汇总结果，又可以看到明细数据。

除了传统的数据分析功能，在“数据”选项卡中还有一个智能分析(智能分析)按钮，如在“大学毕业生收入数据集”工作表中单击该按钮，软件会自动对该数据进行解读，如图 4-39 所示。

智能分析中的“数据汇总”功能还可以对指定字段进行分析并自动生成图表，如图 4-40 所示。

图 4-39 “智能分析”功能效果图

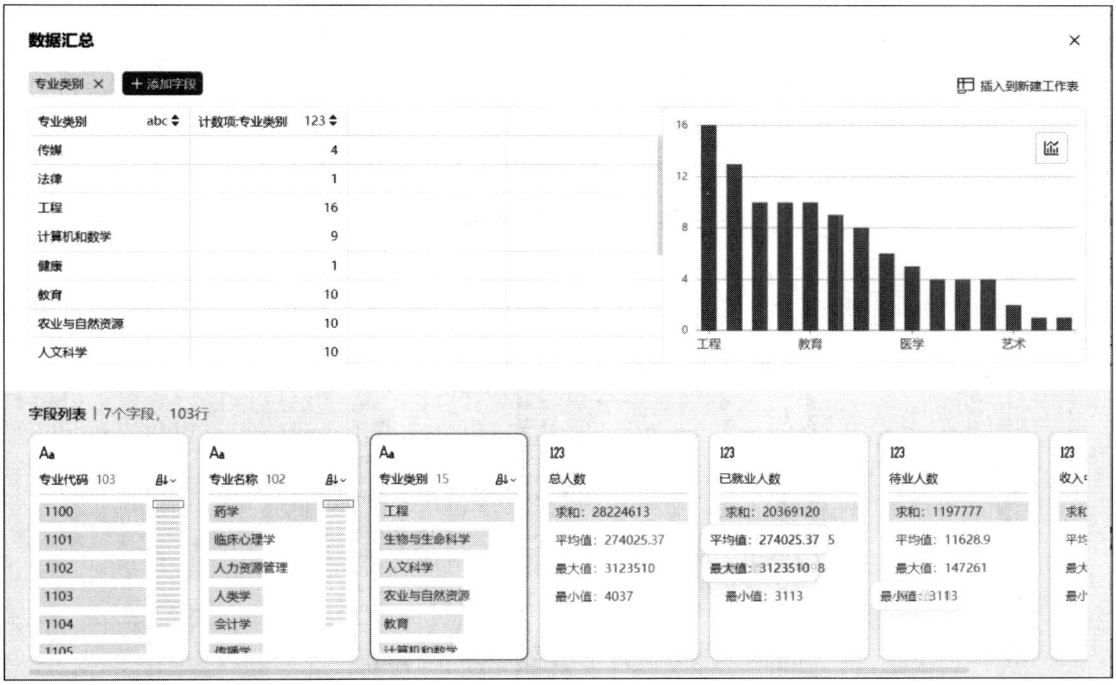

图 4-40 智能分析中的“数据汇总”功能

4. 拓展任务

打开文件“学生体测成绩 . xlsx”，将其另存为“学生体测成绩_ 拓展 . xlsx”，完成如下操作。

①创建“Sheet1”工作表的一个副本，并将新工作表名称改为“分类汇总”。

②在“分类汇总”工作表中对体测数据进行分类汇总统计，要求统计不同性别的学生的长跑和跳绳的平均成绩。

③利用“Sheet1”工作表的数据生成数据透视表，统计各班级男、女生的长跑和跳绳成绩的平均分，将统计结果放在“Sheet2”工作表。

④利用“Sheet1”工作表的数据生成数据透视表，统计各班学生长跑和跳绳的最好成绩，将统计结果放在“Sheet3”工作表。

效果分别如图4-41、图4-42、图4-43所示。

	A	B	C	D	E	F	G
22	251204	侯天宇	男	1班	2.6	173	
23	260221	汪梓铭	男	2班	4.8	228	
24	260622	明梓轩	男	5班	4.4	207	
25	260814	孟志杰	男	5班	5.7	208	
26	260926	薛梓铭	男	3班	4	207	
27	261001	殷天宇	男	2班	3.1	169	
28	261227	殷梓豪	男	1班	2.7	88	
29	270305	虞梓轩	男	2班	5	220	
30	270607	樊梓铭	男	3班	5.4	130	
31			**男 平均值**		4.2	156.1724138	
32	230215	张雨萱	女	1班	4.2	234	
33	230409	刘思琪	女	2班	2.9	247	
34	230517	陈嘉欣	女	2班	4.8	81	
35	230723	黄雅静	女	5班	5.1	206	
36	230904	吴梦洁	女	5班	4.4	60	
37	231207	孙晓燕	女	3班	4.1	153	
38	231416	朱梓萱	女	2班	3.9	177	
39	240328	高雅琳	女	3班	3.1	179	
40	240508	许心怡	女	4班	4.9	79	
41	240614	韩雨辰	女	4班	3.8	183	
42	240801	程思涵	女	1班	4.3	172	
43	240910	谢雨欣	女	3班	5.4	243	
44	241022	唐婉儿	女	5班	3.6	203	

Sheet2 Sheet1 分类汇总 +

图 4-41 分类汇总效果

	A	B	C	D	E
1					
2					
3	**班级**	**性别**	**平均值项:长跑/分钟**	**平均值项:跳绳/次**	
4	1班		4.03	182.7	
5		男	3.84	169	
6		女	4.22	196.4	
7	2班		3.971428571	158.5714286	
8		男	4.085714286	170.1428571	
9		女	3.857142857	147	
10	3班		4.418181818	169.3636364	
11		男	4.625	162	
12		女	4.3	173.5714286	
13	4班		4.072727273	148.5454545	
14		男	4.025	132.75	
15		女	4.1	157.5714286	
16	5班		4.457142857	155.2857143	
17		男	4.377777778	146	
18		女	4.6	172	
19	**总计**		**4.195**	**161.9666667**	
20					
21					
22					
23					

Sheet2 Sheet1 分类汇总 +

图 4-42 第一个数据透视表效果

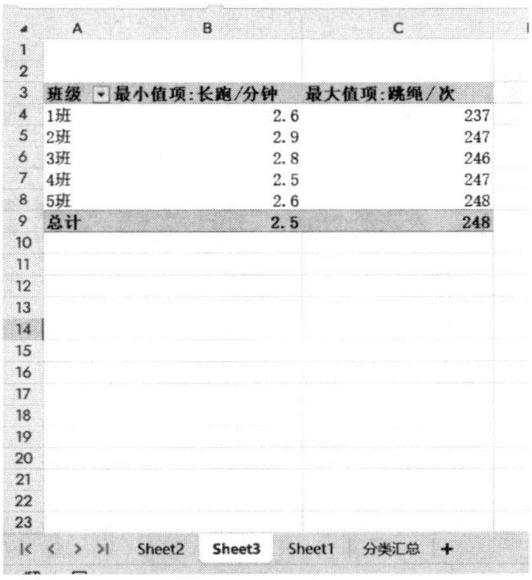

班级	最小值项:长跑/分钟	最大值项:跳绳/次
1班	2.6	237
2班	2.9	247
3班	2.8	246
4班	2.5	247
5班	2.6	248
总计	2.5	248

图 4-43　第二个数据透视表效果

第 5 章 WPS 演示文稿实验

实验 5-1 制作演示文稿

1. 实验目的

①熟悉 WPS 演示文稿的操作界面。

②掌握演示文稿的创建、打开、输入、编辑、保存操作。

③熟悉演示文稿常见的美化方法。

④熟悉幻灯片母版的使用。

2. 实验要求

李木子同学想申请学校的大学生创新创业项目，需要就他的课题制作一个演示文稿去参加立项答辩。根据如下要求创建一个演示文稿，并保存为文件“绿色书屋答辩 . pptx”。

最终效果如图 5-1 所示。

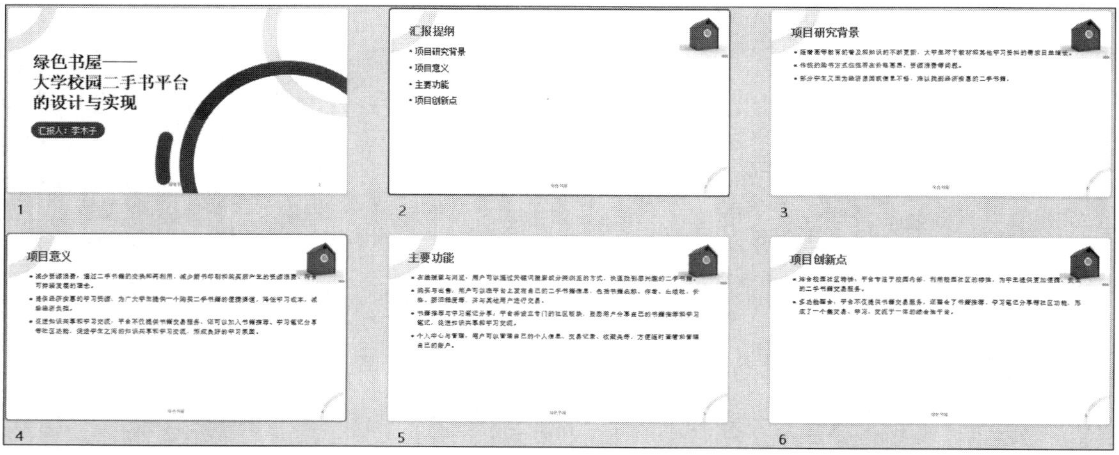

绿色书屋——
大学校园二手书平台
的设计与实现
汇报人：李木子
1
汇报提纲
• 项目研究背景
• 项目意义
• 主要功能
• 项目创新点
2
项目研究背景
3
项目意义
4
主要功能
5
项目创新点
6

图 5-1　实验最终效果

①打开 WPS Office，创建一个空白的演示文稿。

②根据文件“大创答辩素材 . docx”中提供的素材，丰富演示文稿的内容。

③从排版、主题、背景等角度美化演示文稿。

④添加幻灯片编号和页脚，页脚文本为“绿色书屋”。

⑤在第一张幻灯片之后插入一张新的幻灯片，根据汇报内容补充提纲信息。

3. 实验步骤

(1)创建空白演示文稿。

打开 WPS Office，依次选择“新建”→“Office 文档”→“演示”，在弹出的新界面中选择“空白演示文稿”，创建一个新的演示文稿文件。按 Ctrl+S 快捷键，在弹出的“另存为”对话框中选择适当的存储位置，并将文件名改为“绿色书屋答辩 .pptx”，单击“保存”按钮。

在完成后续操作前，先熟悉一下 WPS 演示文稿的操作界面，如图 5-2 所示。

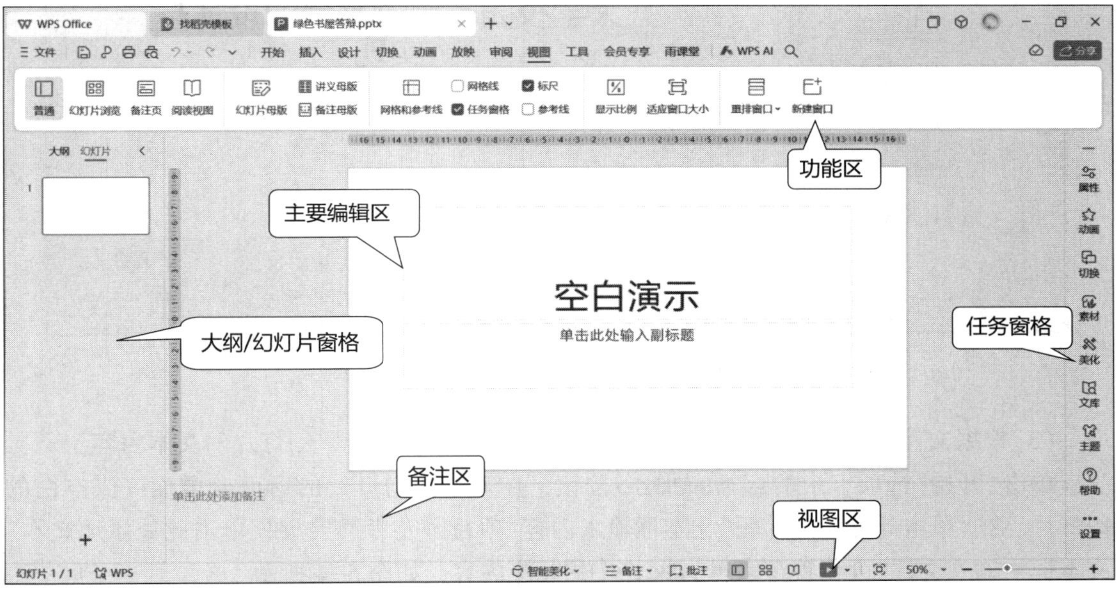

图 5-2 WPS 演示文稿操作界面

WPS 演示文稿的操作界面与 WPS 文字相比，有以下不同之处。

①主要编辑区：主要编辑区呈现的是某一张幻灯片的内容和布局效果。在主要编辑区内可以完成文字、图像、表格等各类对象的插入、编辑和美化操作。

②备注区：位于主要编辑区下方，用户可以在其中为当前幻灯片添加备注，备注内容可以是对幻灯片内容的详细解释或补充，也可以是讲演思路和要点等。

③大纲/幻灯片窗格：位于主要编辑区左侧。一个演示文稿是由多张幻灯片线性排列组成的，演示文稿的制作通常就是按照逻辑创建一张张幻灯片的过程。大纲/幻灯片窗格会以缩略图的形式展现每张幻灯片。除此之外，用户还可以在该窗格中对幻灯片进行选择、新增、移动、复制、删除、隐藏等多种操作。

④任务窗格：位于主要编辑区右侧，包含对象属性、动画、切换等功能，是一组窗格的集合。

⑤视图区：办公软件大都包含多种视图模式，以适应不同的使用场景。对演示文稿而言，最常用的是普通视图(用于编辑)、幻灯片放映视图(用于全屏播放，在最终呈现演示文稿时使用)。

(2)根据文件“大创答辩素材.docx”中的内容添加首张幻灯片的文本内容。

在主要编辑区的“空白演示”文本框内单击，会出现闪烁的光标，此时输入内容“绿色书屋——大学校园二手书平台的设计与实现”。在下方的“单击此处输入副标题”文本框内单击，输入内容“汇报人：李木子”，如图5-3所示。

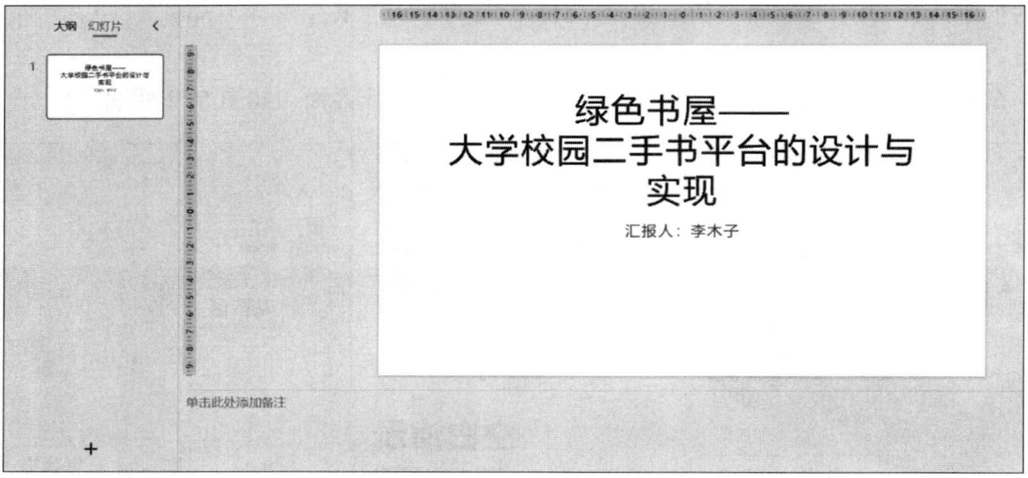
大纲
幻灯片
绿色书屋——
大学校园二手书平台的设计与
实现
汇报人：李木子
单击此处添加备注

图5-3 添加了首页幻灯片文字内容的效果

(3)根据文件“大创答辩素材.docx”中的内容添加“项目背景”幻灯片的文本内容。

单击“开始”选项卡中的“新建幻灯片”按钮，在第一张幻灯片的后面会增加一张空白的幻灯片。在“单击此处添加标题”文本框输入内容“项目研究背景”，在“单击此处添加文本”文本框中输入文件“大创答辩素材.docx”中的相应内容，如图5-4所示。

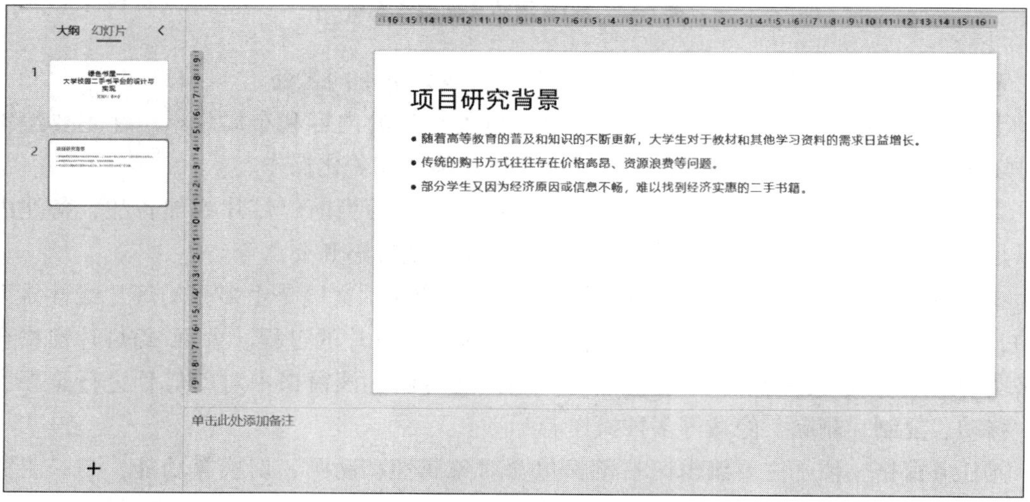
大纲
幻灯片
项目研究背景
随着高等教育的普及和知识的不断更新，大学生对于教材和其他学习资料的需求日益增长。
传统的购书方式往往存在价格高昂、资源浪费等问题。
部分学生又因为经济原因或信息不畅，难以找到经济实惠的二手书籍。
单击此处添加备注

图5-4 插入“项目研究背景”幻灯片后的效果

观察第 1、2 张幻灯片，不难发现，它们的文本布局是不同的。第 1 张幻灯片的标题(占位符)占用更大面积，而第 2 张幻灯片的内容文字所占面积比其标题面积更大。幻灯片中各元素的布局和摆放方式称为幻灯片的“版式”。事实上，第 1、2 张幻灯片的版式分别是“标题幻灯片”和“标题和内容”，所以它们的元素布局是不同的。WPS 演示文稿中共有 11 种版式，可以通过“开始”选项卡中的 **版式** 按钮查看，如图 5-5 所示。

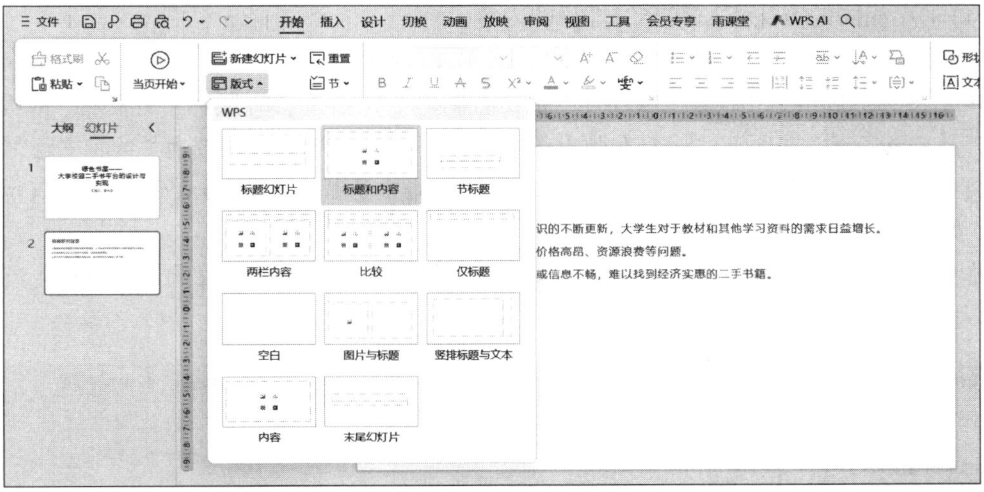

图 5-5　WPS 演示文稿的 11 种版式

如果想要在插入新幻灯片时选择版式，可以单击“开始”选项卡中的 **新建幻灯片** 按钮右侧的下拉箭头，在弹出的“新建单页幻灯片”下拉菜单的“版式”选项中选择想要的版式，如图 5-6 所示。

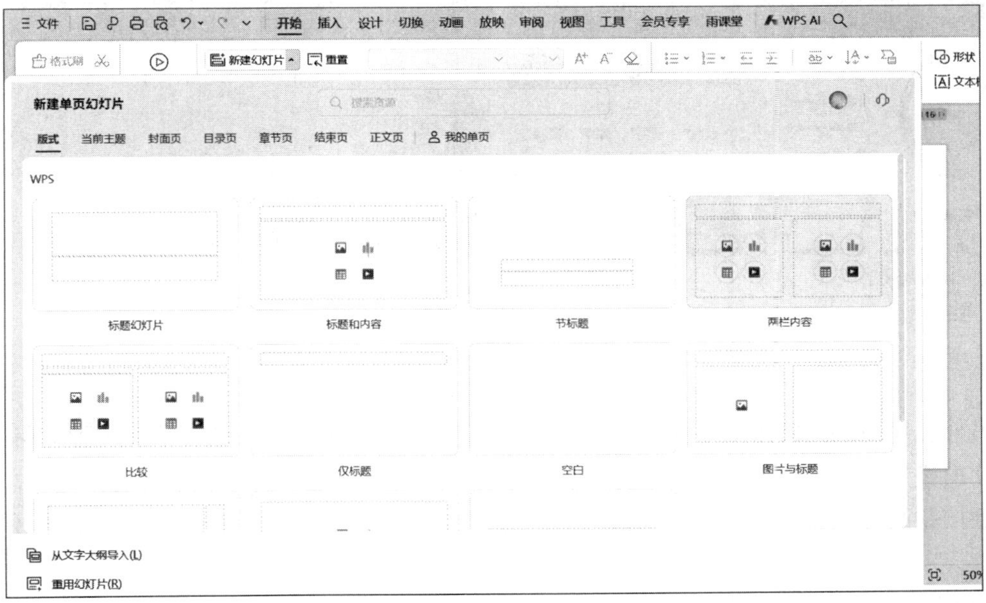

图 5-6　在新建幻灯片时选择版式

如果想修改已有幻灯片的版式，则可以通过“开始”选项卡中的版式按钮来修改。

需要说明的是，虽然版式可以确定一张幻灯片中各元素的布局，但这种布局并非不能改变。对每个元素的占位符都可以像处理图片对象一样，用拖动的方式调整位置，用周围的八个控制点调整大小。如果对做出的修改不满意，可以单击“开始”选项卡中的重置按钮使版式退回到默认状态。

(4)采用相同的方法添加其余幻灯片的内容。

除了传统的添加幻灯片的方法外，WPS 演示文稿还提供了大量更丰富和美观的布局形式。单击“开始”选项卡中的新建幻灯片按钮右侧的下拉箭头，将鼠标指针移至“从版式新建”或“从模板新建”选项上，接着在弹出的“新建单页灯片”对话框中选择“当前主题”“封面页”“目录页”等分类选项，就可以在给出的各种布局中选择并将其插入到自己的演示文稿中了，如图 5-7 所示。

说明：WPS 演示文稿提供的这些布局和主题中，有一部分需要购买 WPS 会员才能使用。

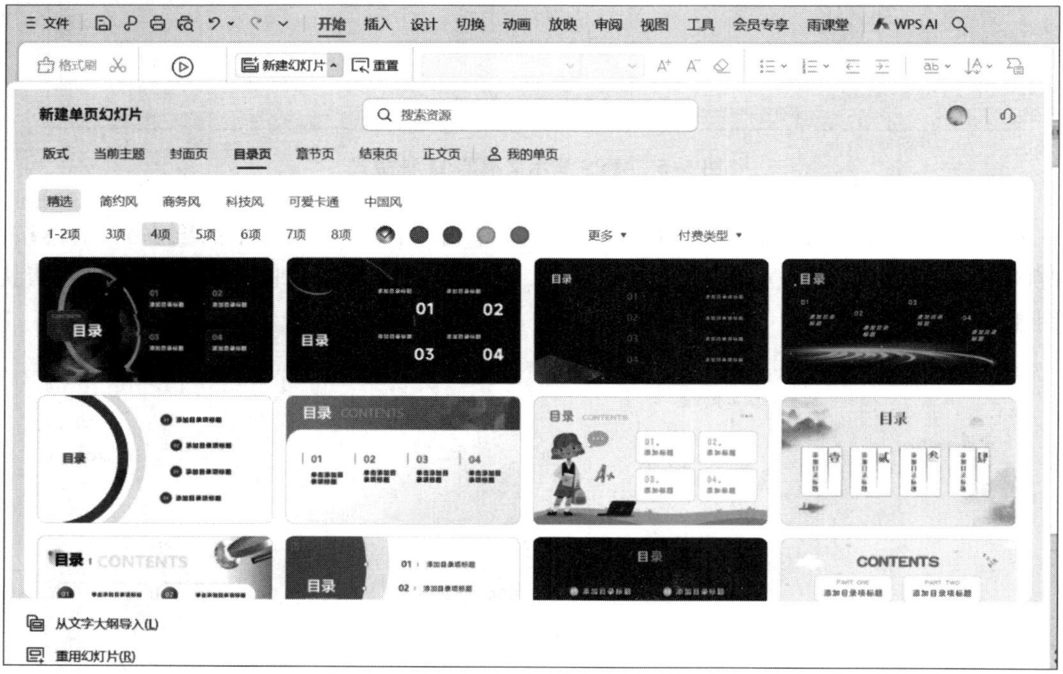

图 5-7　在新建幻灯片时选择更丰富的布局风格

另外，WPS 演示文稿还提供了两个插入新幻灯片的方式。一是将鼠标指针停留在大纲/幻灯片窗格中的某张幻灯片上，会出现和两个按钮，单击按钮可全屏放映演示文稿，单击按钮则可以在当前幻灯片后插入新幻灯片。二是直接单击大纲/幻灯片窗格底部的+按钮。

(5)美化演示文稿外观。在“设计”选项卡中的“主题”列表中选择自己喜欢的主题，如图 5-8 所示，单击将其应用到演示文稿中。

图 5-8　WPS 演示文稿提供的设计主题

在右侧弹出的“更换主题”窗格中选择“字体方案”选项卡，如图 5-9 所示，可以选择喜欢的字体风格并单击，将其应用到全文。在“更换主题”窗格中还可以更改主题(“主题方案”选项卡)，也可以更改当前主题的配色方案(“配色方案”选项卡)。

图 5-9　“更换主题”窗格中的“字体方案”选项卡

(6)添加标志。单击“视图”选项卡中的(幻灯片母版)按钮，进入幻灯片母版编辑状态，如图5-10所示。

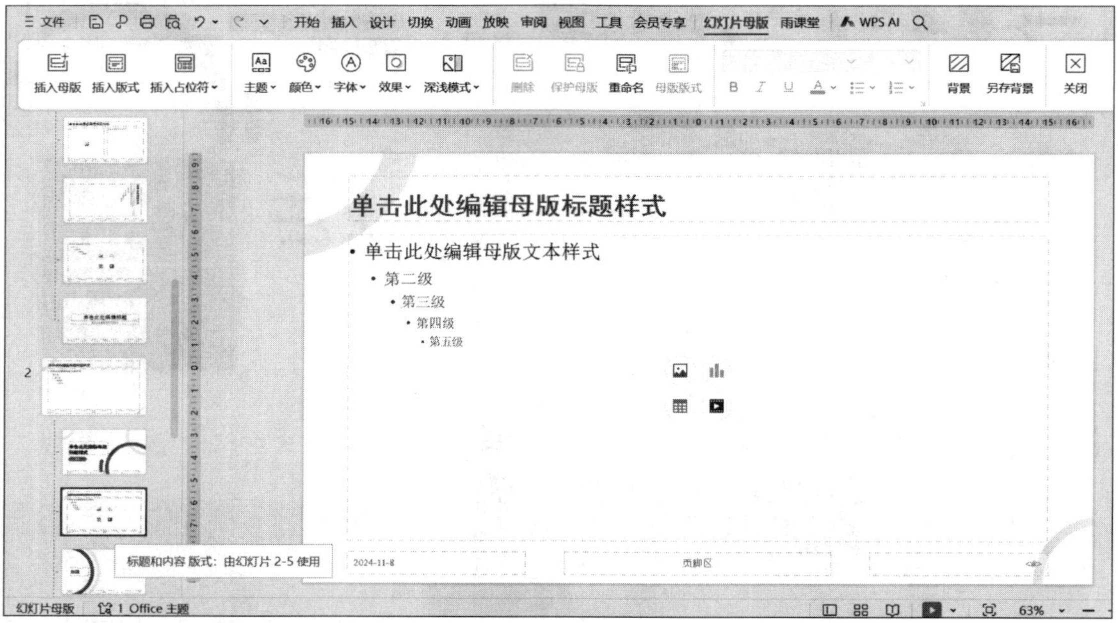

图5-10　幻灯片母版编辑状态

选择左侧窗格中需要设置格式的母版，如图5-10中边缘有矩形框的母版，在右侧主要编辑区中插入“绿色书屋logo. png”图片，将其大小调整为5 cm×5 cm，并移动到幻灯片右上角。单击“幻灯片母版”选项卡中的(关闭)按钮退出幻灯片母版编辑状态。此时会发现，除了首页标题幻灯片，每张幻灯片的右上角都有了这个标志。

在格式化设置演示文稿的时候，常常需要对多张幻灯片的同一位置进行相同的操作。如果一张张地去调整，非常耗时耗力。幻灯片母版功能是解决这一问题的利器。通过幻灯片母版，可以预设各种对象占位符的位置和格式，使得相同格式的文本、图片、页脚等内容出现在每张幻灯片的同一位置上。这样可以使得演示文稿中的所有幻灯片在外观和格式上保持一致，提高演示文稿的整体性和协调性。同时，在幻灯片母版中进行一次修改，即可将更改应用到所有使用该母版的幻灯片上，大大简化了编辑过程。

(7)增加页脚、幻灯片编号。

选择“插入”选项卡中的(页眉页脚)按钮，弹出“页眉和页脚”对话框，勾选其中的“幻灯片编号”“页脚”两个复选框，并在“页脚”下方的文本框中输入文字“绿色书屋”，接着勾选“标题幻灯片不显示”复选框，如图5-11所示，最后单击右侧的“全部应用”按钮。

演示文稿的“页眉和页脚”对话框的主要功能如下。

①设置日期和时间：日期和时间有自动更新和固定两种形式，如果选择“自动更新”，每次打开演示文稿时会自动读取并显示系统日期，而选择“固定”则会一直显示填入的指定日期。

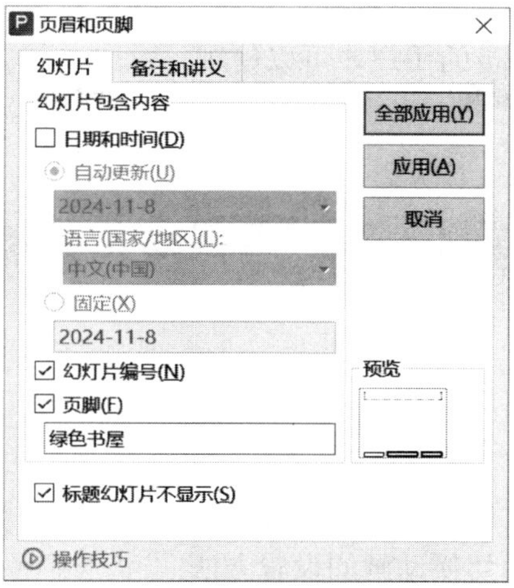

图 5-11 “页眉和页脚”对话框

②设置幻灯片编号：勾选该选项的复选框后，在幻灯片上会显示 1、2、3 这样的编号。

③设置页脚：可以指定页脚的具体文本内容，并显示在指定的幻灯片上。

④设置标题幻灯片不显示：如果勾选“标题幻灯片不显示”复选框，则上述设置的内容都不会出现在标题幻灯片中。注意这里的标题幻灯片不仅仅指第一张幻灯片，而是表示采用了“标题幻灯片”版式的所有幻灯片。

⑤应用和全部应用：由于演示文稿由多张幻灯片组成，所以单击“全部应用”按钮是将设置应用到所有幻灯片，单击“应用”按钮则只针对当前幻灯片进行改动。

⑥预览：在预览效果中可以看到页脚、日期和时间、幻灯片编号在幻灯片中的位置，选择的幻灯片主题不同，它们出现的位置也可能不同。同时，当勾选某一个复选框后，其在预览图中相应位置上的未加粗的长方形会变为加粗的长方形。

(8)在左侧大纲/幻灯片视图中，选择第一张幻灯片，然后单击“开始”选项卡中的 新建幻灯片 按钮，在第一张幻灯片后插入一张新的幻灯片。根据汇报内容，补充“汇报提纲”幻灯片中的信息。

4. 拓展任务

1)任务一

进入大学校园，开启一段新的人生体验的感觉一定很棒吧！加入青年志愿者社、吉他社、书法社、编程社、Cosplay 社等丰富的社群和社会实践团体是锻炼自身能力、拓宽视野的有效途径。结合自身兴趣和实际，设计制作一个自我介绍的演示文稿，用来在社团面试中展示和“推销”自己。

2)任务二

利用 WPS AI 功能，由文件“大创答辩素材 . docx”一键生成演示文稿。

说明：WPS AI 是 WPS Office 中集成的一项人工智能技术，能够识别、理解和处理用户输入的文本、数据等信息，并根据用户的需求生成相应的文档、表格或演示文稿，还能进行智能写作、智能数据分析和智能校对等。目前，WPS AI 功能是收费的，只有购买 WPS 大会员或单独购买 WPS AI 会员的用户才可以使用。

实验 5-2 设置图片动画

1. 实验目的

①掌握演示文稿中幻灯片内动画的设置方法。

②掌握演示文稿中幻灯片切换动画的设置方法。

③熟悉动画的效果设置方法。

2. 实验要求

利用现有素材制作一个文件名为“2024 巴黎奥运项目上新 . pptx”的演示文稿，如图 5-12 所示，侧重于图片的动画效果设置和幻灯片切换的动画设置。

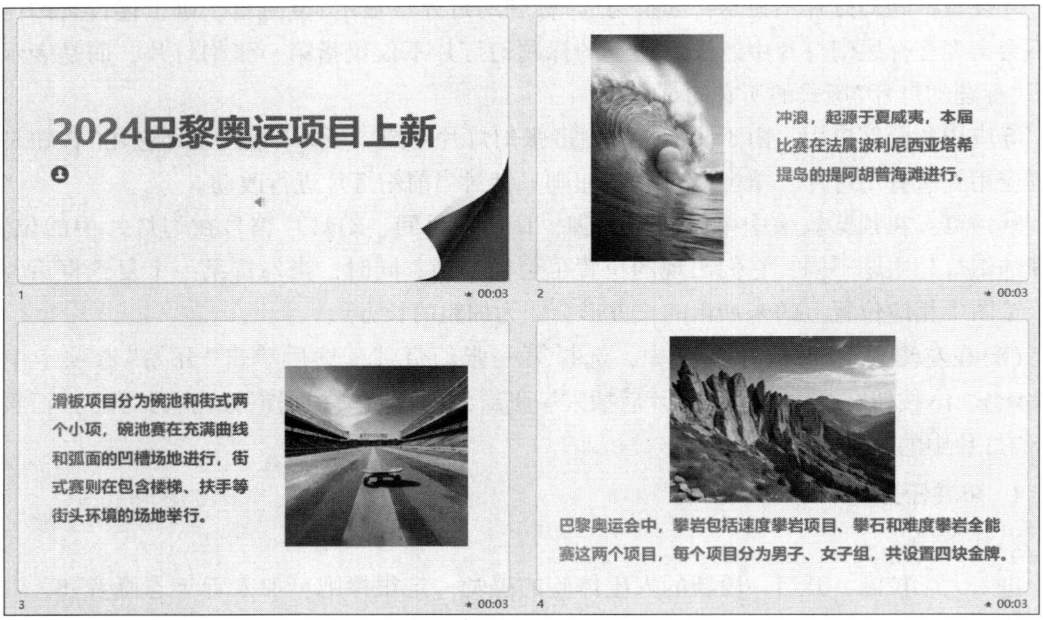
2024巴黎奥运项目上新
1
00:03
冲浪，起源于夏威夷，本届比赛在法属波利尼西亚塔希提岛的提阿胡普海滩进行。
2
00:03
滑板项目分为碗池和街式两个小项，碗池赛在充满曲线和弧面的凹槽场地进行，街式赛则在包含楼梯、扶手等街头环境的场地举行。
3
00:03
巴黎奥运会中，攀岩包括速度攀岩项目、攀石和难度攀岩全能赛这两个项目，每个项目分为男子、女子组，共设置四块金牌。
4
00:03

图 5-12 “2024 巴黎奥运项目上新 . pptx”演示文稿效果

3. 实验步骤

（1）打开 WPS Office，依次选择“新建”→“Office 文档”→“演示”，在弹出的新界面中选择“空白演示文稿”，创建一个新的演示文稿文件。按 Ctrl+S 快捷键，在弹出的“另存为”对话框中选择适当的存储位置，并将文件名改为“2024 巴黎奥运项目上新 . pptx”，单击“保存”按钮。

(2)在"设计"选项卡中选择并应用一个喜欢的主题风格。

(3)修改第1张幻灯片(标题幻灯片)的内容为"2024巴黎奥运项目上新"。

(4)插入一张"空白"版式的新幻灯片，依次选择"插入"→"图片"→"本地图片"，在弹出的"插入图片"对话框中选择素材文件中的"冲浪.jpg"，再单击"打开"按钮确认插入。单击"插入"→"文本框"按钮，此时鼠标指针变为"+"形状，在幻灯片空白处单击，会插入一个空白的文本框，在文本框中输入图5-12中的对应文本。

调整图片的大小和位置。将文本框中文字的字号调整为32 pt，行距调整为1.5倍行距，并根据当前主题风格调整文字颜色。

(5)采用和步骤(4)相似的方法，再插入两张幻灯片，并依照图5-12插入并编辑相关内容。

(6)选择第2张幻灯片中的图片，切换至"动画"选项卡，在动画库中选择"擦除"动画效果，再单击动画属性按钮右侧的下拉箭头，从下拉菜单中选择"自左侧"。

WPS演示文稿的"动画"选项卡主要用来完成幻灯片内的动画(即一张幻灯片内各元素的动画)设置，包括应用动画、设置动画相关参数、删除动画等操作。除此之外，界面右侧的"动画"窗格也是进行动画编辑的常用工具。"动画"选项卡和"动画"窗格如图5-13所示。

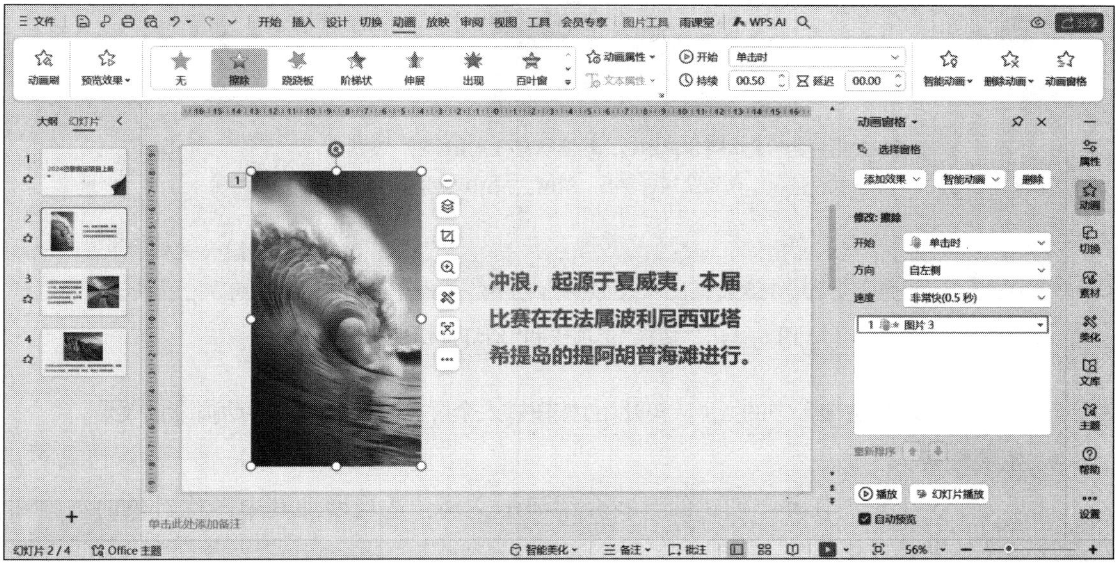

图5-13 WPS演示文稿的"动画"选项卡和"动画"窗格

(7)选中第3张幻灯片中的图片，在右侧"动画"窗格中单击"添加效果"下拉按钮，在弹出的下拉菜单中选择"进入"效果栏末尾的(更多选项)按钮，然后选择"进入"→"温和型"→"伸展"。接着在"动画"窗格中将"方向"修改为"自顶部"，"速度"改为"快速(1秒)"。

(8)选择第4张幻灯片中的图片，在右侧"动画"窗格中单击"添加效果"下拉按钮，在弹出的下拉菜单中选择"进入"效果栏的"阶梯状"动画效果。再次单击"添加效果"下拉按钮，选择"强调"→"温和型"→"跷跷板"。此时，对同一个图片对象，应用了两个动画效果。单击"动画"窗格中已添加的动画列表里的第2项，将"开始"方式修改为"在上一动画之后”。这样当第 1 个“阶梯状”动画效果播放完毕后，不用再次单击鼠标就会自动播放第 2 个“跷跷板”动画效果。

(9) 切换至“切换”选项卡，在提供的幻灯片切换效果中选择“框”，接着单击(效果选项)按钮，在下拉菜单中选择“上方进入”，并单击选项卡中的(应用到全部)按钮。

WPS 演示文稿的“切换”选项卡主要用来设置从一张幻灯片到下一张幻灯片之间的切换动画，增加演示文稿放映时的层次感，提升美观度。演示文稿操作界面右侧的“幻灯片切换”窗格也可以用来进行切换设置，如图 5-14 所示。除了选择切换效果外，还可就某一效果的呈现方向、速度、换片方式等进行设置。在实际制作幻灯片过程中，可以单独设置某一张幻灯片的切换动画，也可以批量为所有幻灯片设置相同的效果。

图 5-14 “切换”选项卡和“幻灯片切换”窗格

(10) 单击“放映”选项卡中的(从头开始)按钮进入全屏放映模式，查看动画设置效果。

4. 拓展任务

打开实验 5-1 拓展任务中创建的自我介绍演示文稿，适当增加其中图片对象的动画和幻灯片切换效果。

实验 5-3 设置文字动画

1. 实验目的

①熟悉幻灯片文字对象的动画设置方法。

②掌握动画启动方式、重复次数、播放速度等不同效果选项的设置方法。

2. 实验要求

在实验 5-2 完成的文件“2024 巴黎奥运项目上新 . pptx”的基础上，完善文字内容的动画并保存。

3. 实验步骤

(1)打开文件“2024 巴黎奥运项目上新 . pptx”，选择第 2 张幻灯片中的文本框，打开“动画”窗格，单击“添加效果”下拉按钮，在弹出的下拉菜单中选择“擦除”，并将其“开始”方式改为“在上一动画之后”，“方向”改为“自右侧”。

(2)选择第 3 张幻灯片中的文本框，在“动画”选项卡中的动画库中选择“出现”。接着在“动画”选项卡中单击文本属性按钮右侧的下拉箭头，在下拉菜单中选择“更多文本动画”，打开“出现”对话框的“效果”选项卡，如图 5-15 所示，并将“动画文本”修改为“按字母”，“字母之间延迟秒数”修改为“0. 05”；在“计时”选项卡中将“开始”方式改为“与上一动画同时”，“延迟”改为“0. 2 秒”。采用这种动画方式的文本，文字会一个个出现，而默认方式下所有文本字符是一起出现的。

(3)选择第 4 张幻灯片中的文本，在“动画”窗格中单击“添加效果”下拉按钮，单击“进入”底部的(更多选项)按钮，然后选择“进入”→“基本型”→“随机效果”。接着在“动画”窗格的已添加动画效果列表中选择第 2 项，单击下方“重新排序”旁边的(上移)按钮两次，将其动画播放顺序调整到图片对象的动画之前。

(4)选择第 1 张幻灯片中的标题部分，在右侧“动画”窗格中单击“添加效果”下拉按钮，单击“进入”选项栏末尾的(更多选项)按钮，然后选择“进入”→“温和型”→“颜色打字机”。单击“动画”窗格中已添加动画列表第 1 项右侧的下拉箭头，如图 5-16 所示，在弹出的下拉菜单中选择“效果选项”，打开“颜色打字机”对话框，如图 5-17(a)所示。

图 5-15 “出现”对话框的“效果”选项卡

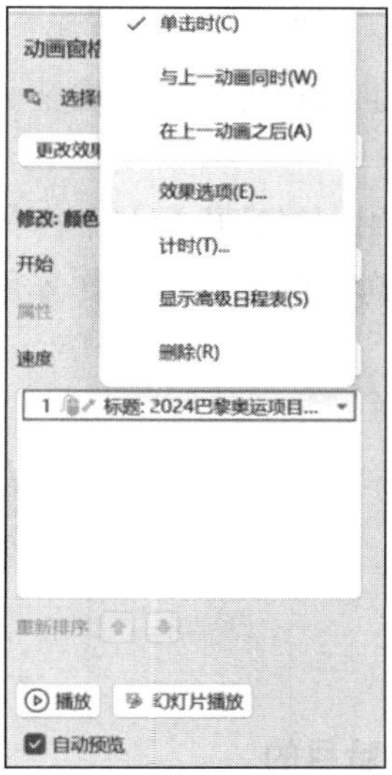

图 5-16 选择“效果选项”

在“颜色打字机”对话框的“效果”选项卡中，修改“辅助颜色”为黄色，“字母之间延迟”为10%，如图5-17(a)所示。然后切换至“颜色打字机”对话框的“计时”选项卡，修改“速度”为“非常快(0.5秒)”，“重复”为“直到下一次单击”，如图5-17(b)所示。

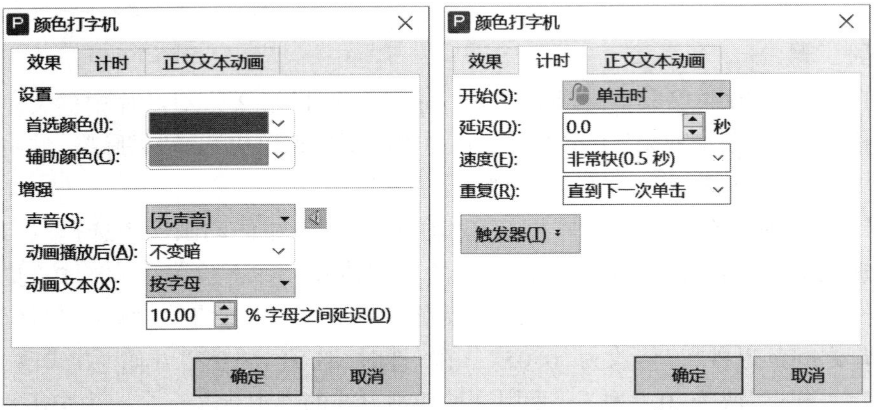

(a)　　(b)

图5-17　“颜色打字机”对话框的“效果”和“计时”选项卡

(5)单击“放映”选项卡中的从头开始(从头开始)按钮进入全屏放映模式，查看动画设置效果。

4. 拓展任务

1)任务一

打开实验5-2拓展任务中编辑好的自我介绍演示文稿，适当增加其中文本对象的动画效果。

2)任务二

制作一个以“郑和下西洋”为主题的演示文稿，并用动画展示其中的航海路线。大家比一比，看谁做得更生动、更精美。

提示：

①利用网络搜集郑和下西洋的相关资料，如地图、船只图片等作为制作素材。

②航海路线的动画制作采用动画库里的“绘制自定义路径”来完成。

实验5-4　设置超链接

1. 实验目的

①掌握幻灯片中超链接、动作的插入、编辑和删除的操作方法。

②熟悉超链接的不同种类。

③熟悉动作设置的不同种类。

2. 实验要求

在实验 5-1 完成的文件“绿色书屋答辩 . pptx”基础上，增加超链接和动作按钮，效果如图 5-18 所示。

图 5-18 带有超链接和动作按钮的演示文稿效果

3. 实验步骤

(1)打开文件“绿色书屋答辩 . pptx”，选中第 2 张幻灯片中的文本“项目研究背景”，单击“插入”选项卡中的超链接(超链接)按钮右侧的下拉箭头，在下拉菜单中选择“本文档幻灯片页”。在弹出的“插入超链接”对话框中选择“请选择文档中的位置”→“幻灯片标题”→“3. 随着高等教育的普及和知识的不断更新…”，如图 5-19 所示。

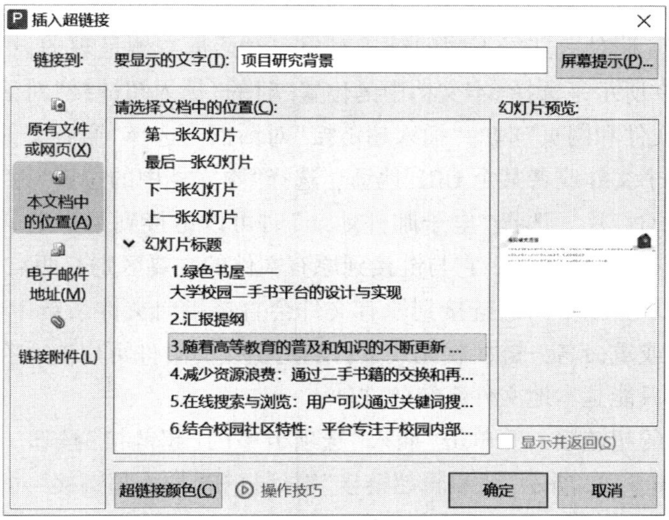

图 5-19 “插入超链接”对话框

通过以上设置，第 2 张幻灯片中的文本“项目研究背景”字体颜色会发生变化，且下方增加了一条横线，表明其变为了一个超链接。单击“放映”选项卡中的从头开始（从头开始）按钮进入全屏放映模式，当鼠标指针停留在第 2 张幻灯片中的文本“项目研究背景”时，指针形状会变为手形，如图 5-20 所示，此时单击这个超链接就会跳转到“项目研究背景”幻灯片。

图 5-20　超链接效果

（2）使用和步骤（1）类似的操作给第 2 张幻灯片的“项目意义”“主要功能”“项目创新点”文本增加超链接，分别链接到第 4、5、6 张幻灯片。

WPS 演示文稿的超链接可以链接到 4 种对象，分别是原有文件和网页、本文档中的位置、电子邮件地址、附件。选择不同的链接对象，对话框右侧呈现的设置内容也会跟着变化。例如，图 5-19 所示是选择“本文档中的位置”时的“插入超链接”对话框，而图 5-21 所示则是选择“原有文件和网页”时的“插入超链接”对话框。选择“原有文件和网页”时可以超链接到本机中的某个文件或者某个 URL 地址，选择“本文档中的位置”时可以链接到当前演示文稿文件的其他幻灯片，选择“电子邮件地址”时可以链接到某个电子邮箱，而选择“链接附件”也可以链接到某个文件。它与链接到原有文件的主要区别有两点，一是链接附件时会将文件嵌入到演示文稿中，而链接到原有文件会直接指向文件系统中的文件，一旦原始文件被移动、删除或重命名，链接就无效了；二是链接的附件可以嵌入存储在云端的文件，而链接的原有文件只能是本地文件系统的文件。

选择一个已有的超链接，并单击“插入”选项卡中的“超链接”按钮，可以打开“编辑超链接”对话框，如图 5-22 所示。“编辑超链接”对话框和“插入超链接”对话框中的内容基本一致，只是在底部多了一个“删除链接”按钮。

图 5-21　选择“原有文件或网页”时的“插入超链接”对话框

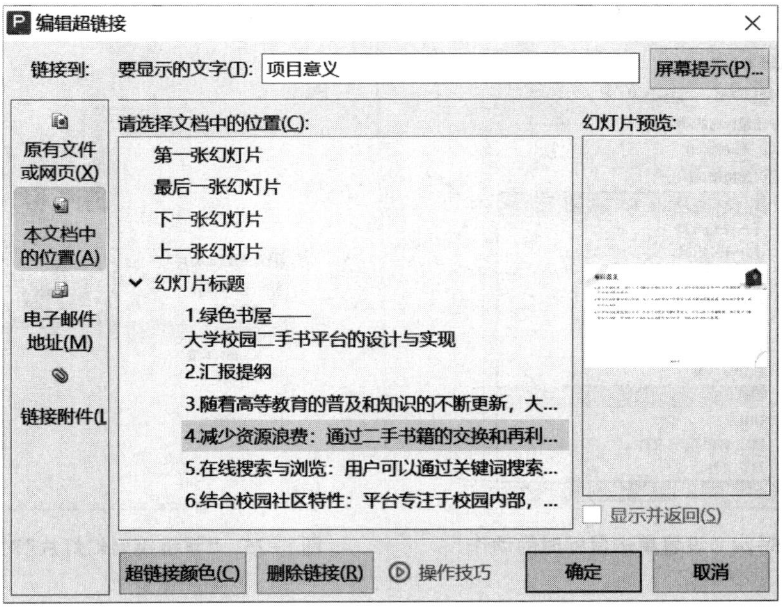

图 5-22　“编辑超链接”对话框

(3)选择第 3 张幻灯片，选择“插入”→“形状”→“动作按钮”里的最后一种(自定义)，此时鼠标指针会变为“+”形状。在第 3 张幻灯片左下角适当位置拖动，插入大小适当的一个动作按钮。当松开鼠标左键时，会弹出“动作设置”对话框，如图 5-23 所示。

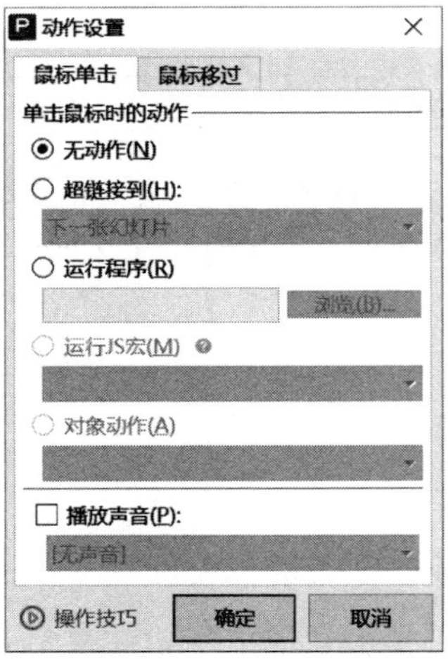

图 5-23　“动作设置”对话框

在“动作设置”对话框的“鼠标单击”选项卡中设置“单击鼠标时的动作”为“超链接到”，在其下方的下拉列表框中选择“幻灯片…”，如图 5-24 所示，此时会弹出“超链接到幻灯片”对话框，如图 5-25 所示，选择其中的“2. 汇报提纲”，单击“确定”按钮后返回“动作设置”对话框，再次单击“确定”按钮。

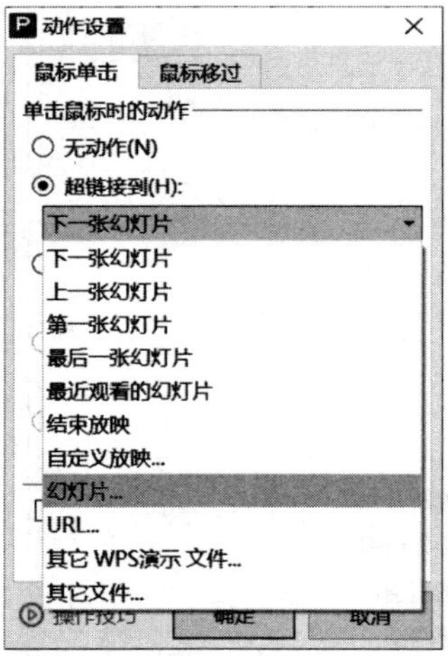

图 5-24　设置单击鼠标时的动作

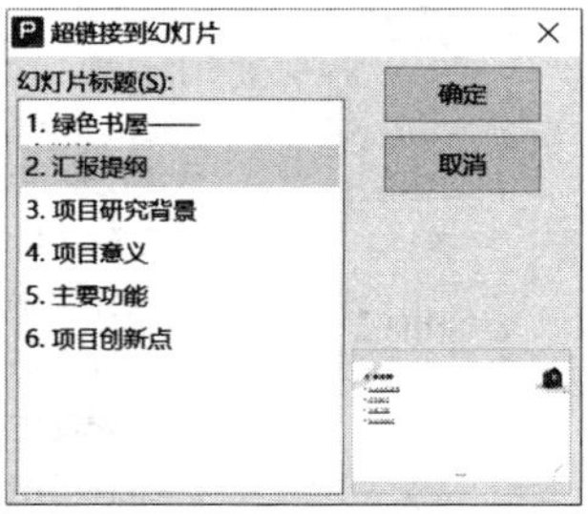

图 5-25　“超链接到幻灯片”对话框

右击添加的动作按钮，在弹出的快捷菜单中选择“编辑文字”，动作按钮中央会出现闪烁的光标，输入文字“返回”，然后单击动作按钮外的任意空白处退出编辑文字状态。

动作设置是演示文稿中用于控制幻灯片元素动态效果的功能，它允许用户指定幻灯片元素（如文字、图片、形状等）在特定事件（如鼠标单击、鼠标指针悬停）发生时执行的动作。这些动作包括跳转到其他幻灯片、播放声音、启动动画等。通过动作设置，可以在演示文稿中加入交互元素，使得演示文稿更加生动。

前面的操作展示的是利用“插入”→“形状”→“动作按钮”的路径添加动作的过程。其实，不是只有动作按钮可以设置动作，幻灯片中的其他元素，如文本、图片、其他各种形状等，都可以设置动作。基本操作步骤如下。

①选定待添加动作设置的对象；

②单击“插入”选项卡中的 动作(动作设置)按钮，弹出图 5-23 所示的“动作设置”对话框；

③设置动作触发方式和动作类型。

如果要修改某个对象的动作设置，可依照上述步骤再次打开“动作设置”对话框进行修改；如果要删除对象的动作设置，则直接在“动作设置”对话框中选择“无动作”。

(4)将“返回”动作按钮分别复制到第 4、5、6 张幻灯片中。

(5)单击“放映”选项卡的从头开始(从头开始)按钮进入全屏放映模式，查看超链接和动作设置效果。

4. 拓展任务

打开实验 5-3 拓展任务中编辑好的自我介绍演示文稿，适当增加其中的超链接和动作设置。

实验 5-5 设置背景音乐和放映方式

1. 实验目的

①掌握在演示文稿中插入背景音乐的方法。

②掌握演示文稿的放映方法。

2. 实验要求

①在实验 5-3 完成的文件“2024 巴黎奥运项目上新 . pptx”的基础上插入背景音乐，要求音乐在演示文稿放映期间一直播放。

②将放映方式设置为“演讲者放映”。

3. 实验步骤

(1)打开文件“2024 巴黎奥运项目上新 . pptx”。

(2)选中第 1 张幻灯片，单击“插入”选项卡中的 音频 (音频)按钮右侧的下拉箭头，在下拉菜单中选择“嵌入背景音乐”，如图 5-26 所示，然后在打开的“从当前页插入”对话框中选择“bgm. mp3”，单击“确定”按钮。此时，第 1 页幻灯片中间会出现喇叭形状的对象，喇叭下方有一些音频控制的工具，如图 5-27 所示。

图 5-26　选择“嵌入背景音乐”

图 5-27　插入背景音乐音频后的效果

观察图 5-26，不难发现，插入音频有嵌入和链接两种方式，嵌入指的是将音频文件直接加入到演示文稿中，导致演示文稿文件的大小因包含音频文件的大小而增大，但好处是原始的音频文件路径变化不会影响演示文稿中的音频播放；链接则是关联本地或云端的音频文件，虽然演示文稿文件大小不会有明显变化，但被关联音频文件的路径变化会导致演示文稿中的音频无法播放。而背景音乐和普通音频的区别是，背景音乐会在放映时自动播放，且一直播放到放映结束，而普通音频在默认状态下单击才会播放。通过“音频工具”选项卡中的“设为背景音乐”按钮可以在这两种形式间转换。除了插入本地的音频文件外，WPS 还提供了音频库，可以直接使用(属于 VIP 功能)。

音频对象在插入后，可以通过“音频工具”选项卡进行修改和设置。“音频工具”选项卡有很多关于音频播放的设置，如音量、淡入淡出时间、开始方式、是否循环、是否隐藏图标等，除此之外还具备基本的音频裁剪功能。

(3)单击“放映”选项卡中的(演讲者视图)按钮，演示文稿变为图 5-28 所示的形式。

演示文稿的制作目的主要是展示或者充当演讲者的提纲。在实际使用时，需要选择一种放映方式来全屏展示给观众。另外，所有的动画、超链接等效果也都是在放映状态下才能发挥作用。

①放映方式。

普通的全屏放映：可以单击“放映”选项卡中的(从头开始)或(当页开始)按钮来启动，“从头开始”表示从演示文稿的第 1 张幻灯片开始放映，“当页开始”表示从当前选定的幻灯片开始放映。采用普通全屏放映模式时，演讲者和观众看到的画面是相同的。

演讲者视图放映：单击“放映”选项卡中的(演讲者视图)按钮启动。在演讲者视图下，WPS 演示文稿可以在观众端和演讲者端呈现不同的显示效果。观众看到的就是普通全屏放映的效果；而如图 5-28 所示，演讲者不仅能看到当前幻灯片的内容，还能看到下一张幻灯片和提前编辑好的备注文字。拥有了这样的“提词器”，演讲者可以不用记忆大量的演讲词，也能使整个讲解更连贯和顺畅。不难发现，想要达到这种效果，光有一个显示设备是不够的，在主显示器外，还需要连接另外一台显示设备(显示器或投影仪等)。在开始放映前，一般需要按 Win+P 快捷键，将显示模式设置为“扩展”，如图 5-29 所示，同时在 WPS 演示文稿“放映”选项卡中的“放映到”下拉菜单中选择另一个显示设备，如图 5-30 所示。

图 5-28　演讲者视图的放映效果

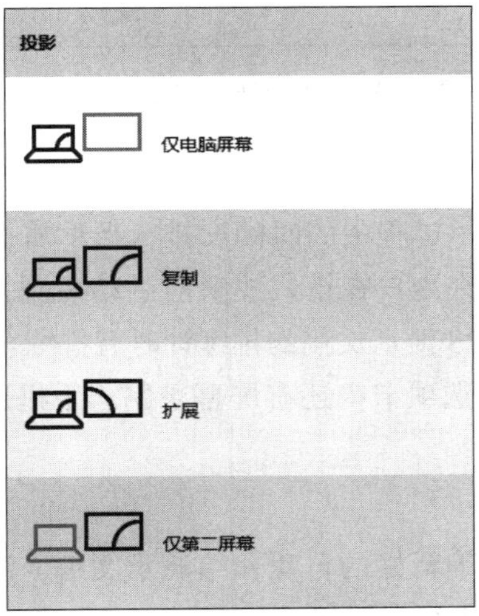

图 5-29　设置两个显示设备的显示方式

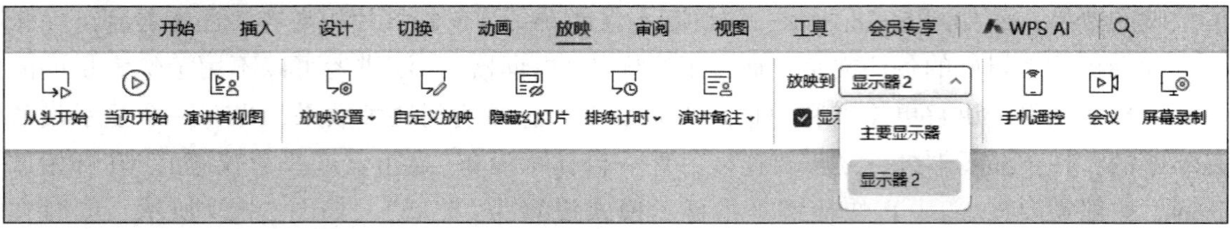

图 5-30　在“放映到”下拉菜单中选择要全屏放映的显示设备

②放映设置。

单击“放映”选项卡中的（放映设置）下拉按钮，可看到下拉菜单中有以下三个选项。

手动放映：默认形式，即幻灯片切换、动画启动都是以之前设置好的形式（单击鼠标、在上一动画之后等）来进行。

自动放映：根据排练计时中记录的时长来自动进行动画启动、幻灯片切换。

放映设置：可以打开“设置放映方式”对话框，如图 5-31 所示，进行更细致的设置。

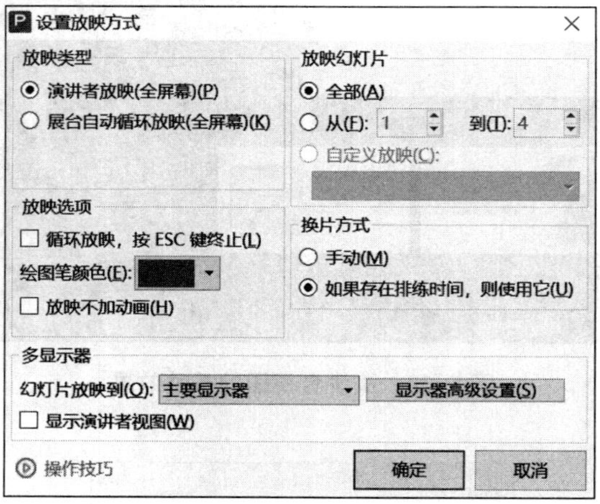

图 5-31　“设置放映方式”对话框

③排练计时。

排练计时主要用于模拟演示过程中的时间安排，帮助演讲者更好地掌控演讲节奏和时间分配。具体来说，该功能允许用户在正式放映前手动控制换片，模拟演讲过程，并让程序记录下手动换片的时间。WPS 演示文稿的排练计时有排练全部和排练当前页两种。

除了上述功能，在“放映”选项卡中还有屏幕录制、手机遥控、会议等更多功能，读者可以自行探索。

4. 拓展任务

打开实验 5-4 拓展任务中编辑好的自我介绍演示文稿，添加一个关于自己爱好特长的视频，接着利用排练计时功能进行事前演练。

第 6 章 体验人工智能

实验 6-1 AI 对话——语音识别

1. 实验目的

①掌握使用相关网站或软件进行语音识别的操作步骤。

②评估语音识别文字的准确性和完整性。

2. 实验要求

①利用讯飞听见进行语音输入，查看语音实时转化为文字后的结果。

②评估讯飞听见识别结果的准确性和完整性。

3. 实验步骤

①进入科大讯飞官网（https://www.iflyrec.com/），单击“讯飞听见”模块的“立即体验”按钮，如图 6-1 所示，进入“讯飞听见”页面。

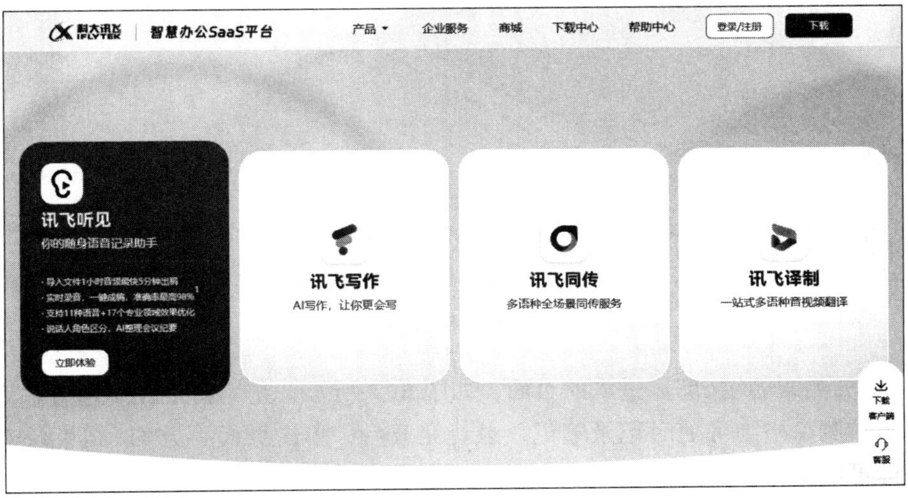

图 6-1　单击“讯飞听见”模块的“立即体验”按钮

②在“讯飞听见”页面中选择“会记”模块，如图 6-2 所示，进入“会记”页面。

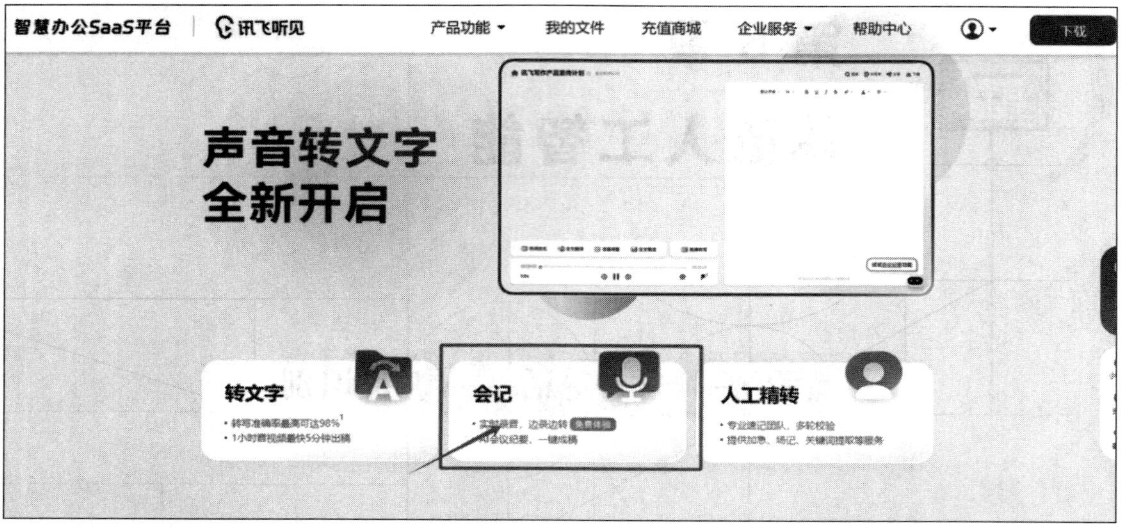

图 6-2　选择“会记”模块

③如图 6-3 所示，单击“开始录音”按钮，即可开始进行实时录音转文字，记录会议或者直播课程等。

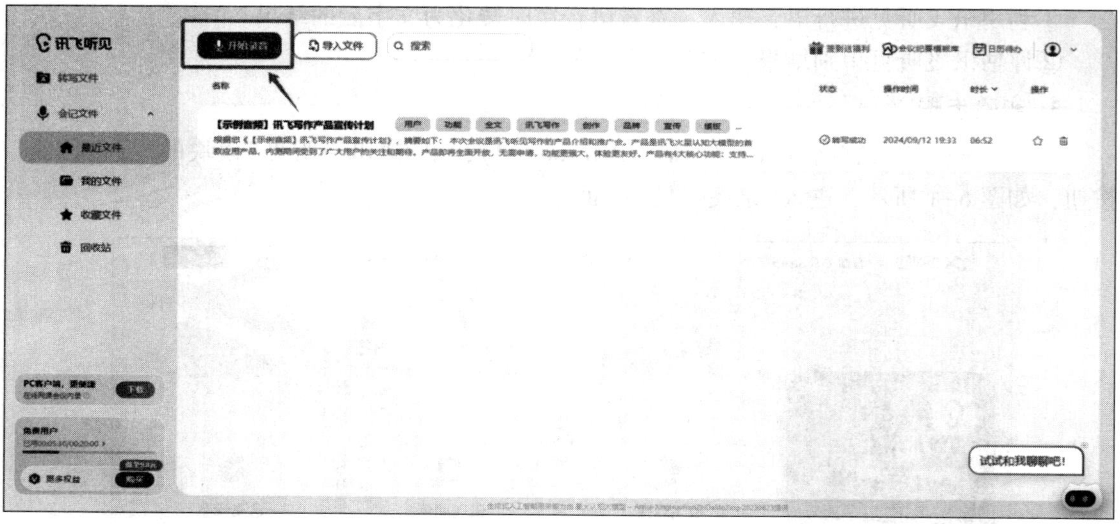

图 6-3　“会记”页面

④单击“开始录音”按钮后进入的页面，如图 6-4 所示。左侧窗格显示语音输入实时转化的文字，右侧窗格则可随时记录笔记。录音完成后，单击页面下方的“结束录音”按钮，录音结果即可以保存。

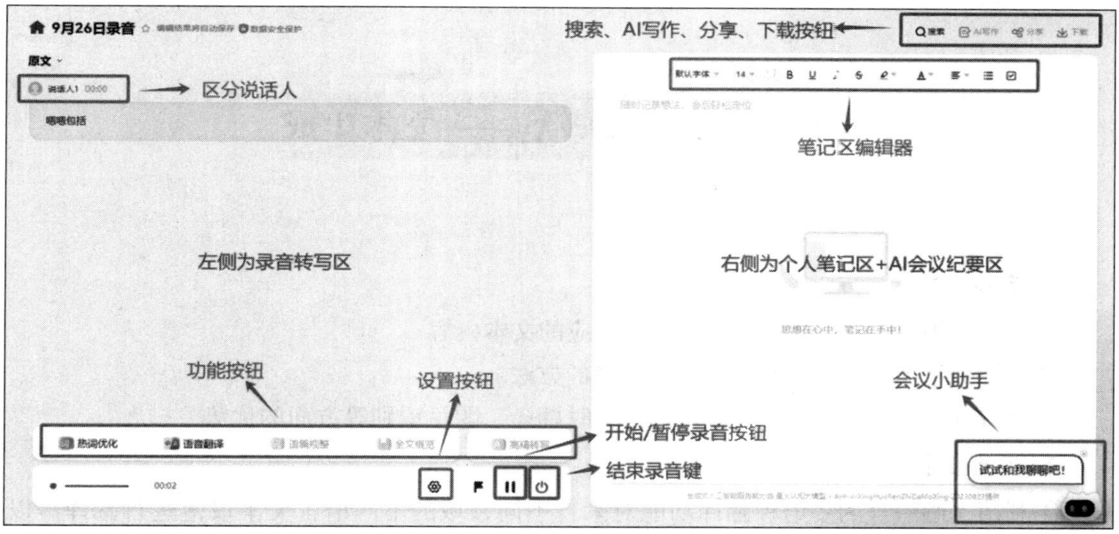

图 6-4 “会记”录音功能模块

⑤保存录音结果之后，在右侧窗格即可生成一篇完整的会议纪要，如图 6-5 所示。同时录音结果自动保存在图 6-3 所示的文件夹中。

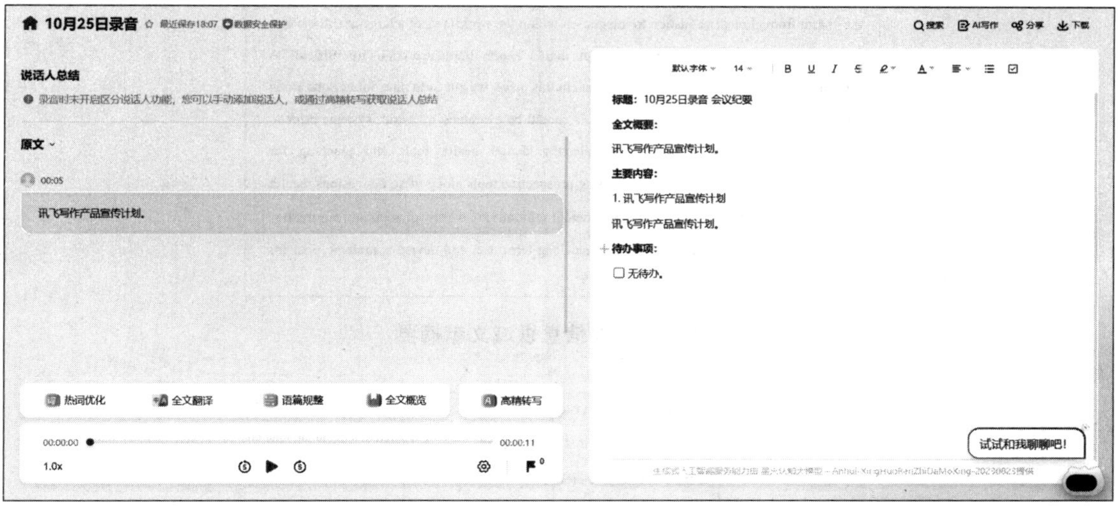

图 6-5 根据录音内容生成会议纪要

4. 拓展任务

①使用讯飞听见“会记”模块，开始录音后，通过如图 6-4 所示页面下方的设置功能，选择不同录音语言（如英语等）以及不同领域（如教育、医疗等），通过语音输入相应内容并查看转文字结果。

②尝试使用不同的语音识别工具（如微信、腾讯会议、Google Speech-to-Text API、百度语音识别 API 等），比较不同工具的识别准确性、完整性和响应时间。

实验 6-2 AI 妙笔——文本生成

1. 实验目的

①熟练利用 AIGC 工具按照需求生成相应的文本内容。

②掌握利用 WPS AI 功能生成文本内容的方法。

③理解 AIGC 工具在提高写作效率、实时翻译、题目识别等方面的优势。

2. 实验要求

①利用文心一言的多语种翻译功能对来自不同领域的不同语言文本段落进行翻译。以下为两个示例文本(见图 6-6 和图 6-7)，分别为医学信息领域文献摘要和西班牙语诗歌。

In recent years, the number of digital health tools with the potential to significantly improve delivery of healthcare services has grown tremendously. However, the use of these tools in large, complex health systems remains comparatively limited. The adoption and implementation of digital health tools at an enterprise level is a challenge; few strategies exist to help tools cross the chasm from clinical validation to integration within the workflows of a large health system. Many previously proposed frameworks for digital health implementation are difficult to operationalize in these dynamic organizations. In this piece, we put forth nine dimensions along which clinically validated digital health tools should be examined by health systems prior to adoption, and propose strategies for selecting digital health tools and planning for implementation in this setting. By evaluating prospective tools along these dimensions, health systems can evaluate which existing digital health solutions are worthy of adoption, ensure they have sufficient resources for deployment and long-term use, and devise a strategic plan for implementation.

图 6-6　医学信息领域文献摘要

Bajo el cielo de un otoño tierno,
Se funden los colores en un lienzo,
Donde el mar y el cielo se confunden,
Y el viento canta canciones de un sendero.
Las hojas danzan en el aire,libres,
Cantando al compás de la brisa,
Un poema sin palabras,se escriben,
En el silencio de la naturaleza.
El atardecer pinta el ocaso,
Con tonos de fuego y sombras de rosa,
Y en el horizonte se pierde el día,
Deja un rastro de estrellas que brotan.

图 6-7　西班牙语诗歌

②利用文心一言的上传文件和图片功能，上传相关学科的题目并生成答案。以下是两个示例题目(见图 6-8 和图 6-9)，分别来自程序语言设计与高等数学。

14:求10000以内n的阶乘

总时间限制: 5000ms　内存限制: 655360kB

描述

求10000以内n的阶乘。

输入

只有一行输入，整数n（0<=n<=10000）。

输出

一行，即n!的值。

样例输入

100

样例输出

93326215443944152681699238856266700490715968264381621468592963895217599993229

图 6-8　编程题目示例

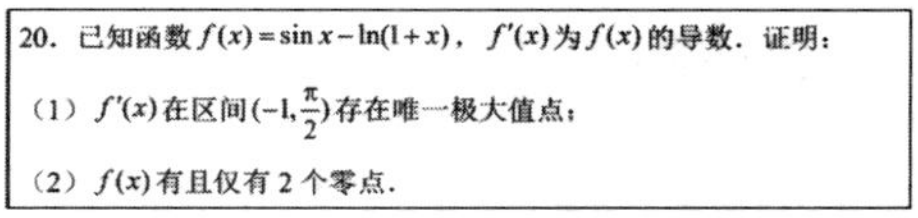

20．已知函数 $f(x)=\sin x-\ln(1+x)$，$f'(x)$ 为 $f(x)$ 的导数．证明：

（1）$f'(x)$ 在区间 $(-1,\frac{\pi}{2})$ 存在唯一极大值点；

（2）$f(x)$ 有且仅有 2 个零点．

图 6-9　数学题目示例

③利用 WPS AI 功能撰写一篇关于“人工智能在医疗健康领域的应用”的新闻稿。

3. 实验步骤

(1)多语种翻译。

①进入文心一言官网(https://yiyan.baidu.com/)，如图 6-10 所示，登录后，选择对话框上方的“多语种翻译”。

图 6-10　文心一言官网

②将文本复制或输入到翻译界面的对话框中。在对话框上方选择需翻译成的目标语言，单击“发送”按钮，等待文心一言处理并输出翻译结果。翻译结果如图 6-11 和图 6-12 所示①。

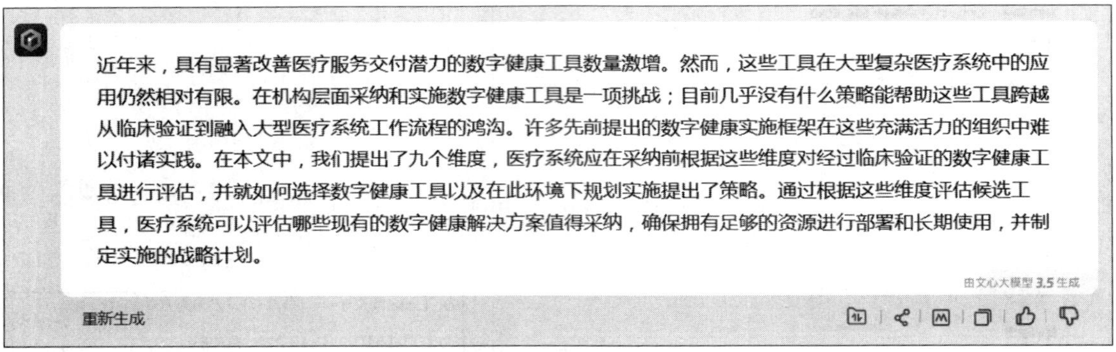
近年来，具有显著改善医疗服务交付潜力的数字健康工具数量激增。然而，这些工具在大型复杂医疗系统中的应用仍然相对有限。在机构层面采纳和实施数字健康工具是一项挑战；目前几乎没有什么策略能帮助这些工具跨越从临床验证到融入大型医疗系统工作流程的鸿沟。许多先前提出的数字健康实施框架在这些充满活力的组织中难以付诸实践。在本文中，我们提出了九个维度，医疗系统应在采纳前根据这些维度对经过临床验证的数字健康工具进行评估，并就如何选择数字健康工具以及在此环境下规划实施提出了策略。通过根据这些维度评估候选工具，医疗系统可以评估哪些现有的数字健康解决方案值得采纳，确保拥有足够的资源进行部署和长期使用，并制定实施的战略计划。
由文心大模型 3.5 生成
重新生成

图 6-11　医学信息文献摘要翻译结果

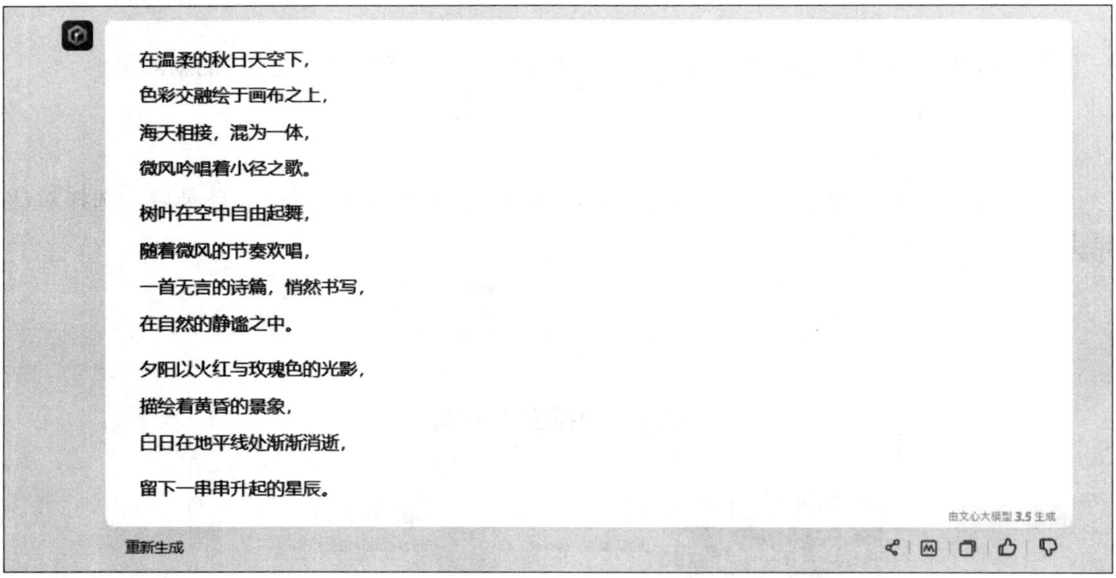
在温柔的秋日天空下，
色彩交融绘于画布之上，
海天相接，混为一体，
微风吟唱着小径之歌。
树叶在空中自由起舞，
随着微风的节奏欢唱，
一首无言的诗篇，悄然书写，
在自然的静谧之中。
夕阳以火红与玫瑰色的光影，
描绘着黄昏的景象，
白日在地平线处渐渐消逝，
留下一串串升起的星辰。
由文心大模型 3.5 生成
重新生成

图 6-12　西班牙语诗歌翻译结果

(2)问题求解。

①在文心一言的界面中，使用“文件上传”功能将准备好的题目文件(TXT、PDF、Word 文档等格式)上传。如果题目以图片形式存在，则使用“图片上传”功能上传题目图片。

②在对话框中输入指令“解决以下问题”，单击“发送”按钮，等待文心一言处理并输出答案。结果如图 6-13 和图 6-14 所示。

①由于参考源准确性不确定，由 AI 生成的信息未必准确，实际中应仔细甄别。本书所展示结果均为未加工的原结果，只为展示 AI 功能，不具实际意义。

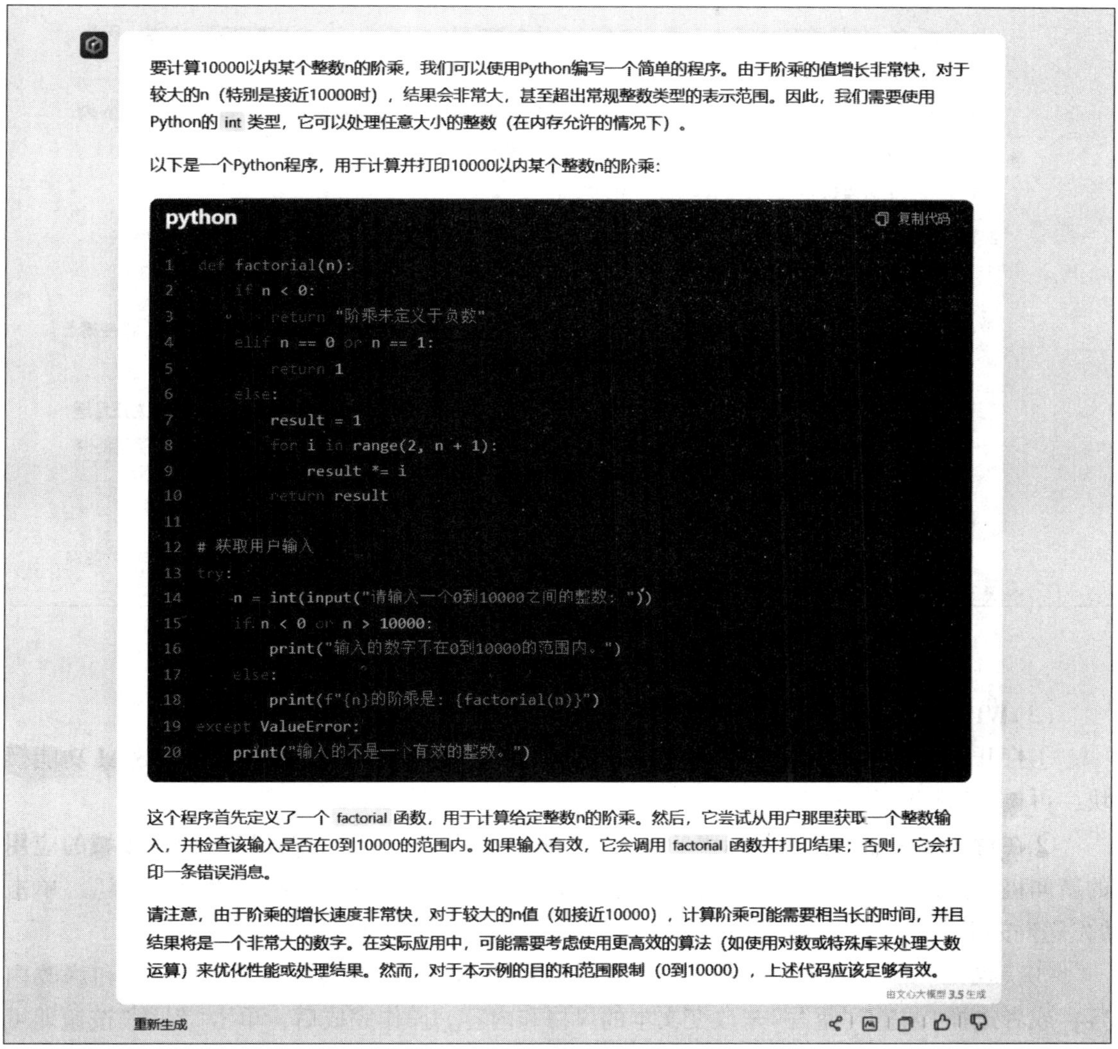

要计算10000以内某个整数n的阶乘，我们可以使用Python编写一个简单的程序。由于阶乘的值增长非常快，对于较大的n（特别是接近10000时），结果会非常大，甚至超出常规整数类型的表示范围。因此，我们需要使用Python的 int 类型，它可以处理任意大小的整数（在内存允许的情况下）。

以下是一个Python程序，用于计算并打印10000以内某个整数n的阶乘：

python 复制代码

```python
def factorial(n):
    if n < 0:
        return "阶乘未定义于负数"
    elif n == 0 or n == 1:
        return 1
    else:
        result = 1
        for i in range(2, n + 1):
            result *= i
        return result

# 获取用户输入
try:
    n = int(input("请输入一个0到10000之间的整数: "))
    if n < 0 or n > 10000:
        print("输入的数字不在0到10000的范围内。")
    else:
        print(f"{n}的阶乘是: {factorial(n)}")
except ValueError:
    print("输入的不是一个有效的整数。")
```

这个程序首先定义了一个 factorial 函数，用于计算给定整数n的阶乘。然后，它尝试从用户那里获取一个整数输入，并检查该输入是否在0到10000的范围内。如果输入有效，它会调用 factorial 函数并打印结果；否则，它会打印一条错误消息。

请注意，由于阶乘的增长速度非常快，对于较大的n值（如接近10000），计算阶乘可能需要相当长的时间，并且结果将是一个非常大的数字。在实际应用中，可能需要考虑使用更高效的算法（如使用对数或特殊库来处理大数运算）来优化性能或处理结果。然而，对于本示例的目的和范围限制（0到10000），上述代码应该足够有效。

由文心大模型 3.5 生成

重新生成

图 6-13　编程题目解答结果

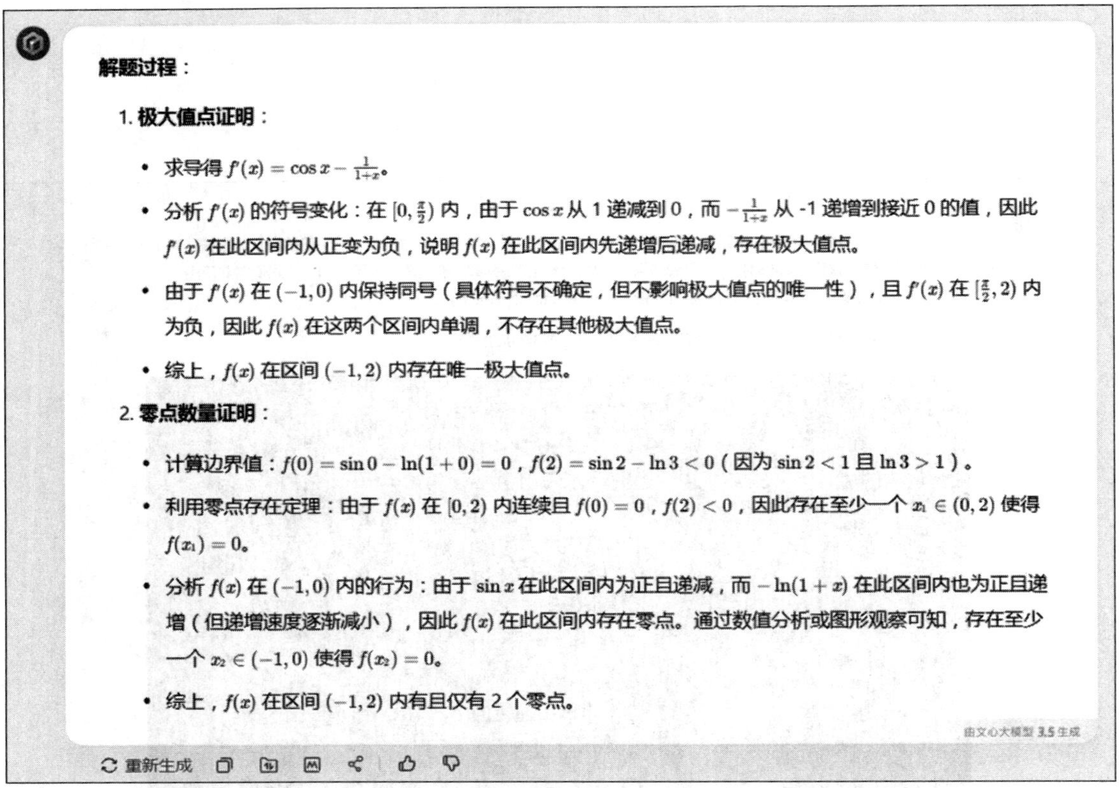

解题过程：

1. 极大值点证明：
   - 求导得 $f'(x)=\cos x-\frac{1}{1+x}$。
   - 分析 $f'(x)$ 的符号变化：在 $[0,\frac{\pi}{2})$ 内，由于 $\cos x$ 从 1 递减到 0，而 $-\frac{1}{1+x}$ 从 -1 递增到接近 0 的值，因此 $f'(x)$ 在此区间内从正变为负，说明 $f(x)$ 在此区间内先递增后递减，存在极大值点。
   - 由于 $f'(x)$ 在 $(-1,0)$ 内保持同号（具体符号不确定，但不影响极大值点的唯一性），且 $f'(x)$ 在 $[\frac{\pi}{2},2)$ 内为负，因此 $f(x)$ 在这两个区间内单调，不存在其他极大值点。
   - 综上，$f(x)$ 在区间 $(-1,2)$ 内存在唯一极大值点。
2. 零点数量证明：
   - 计算边界值：$f(0)=\sin 0-\ln(1+0)=0$，$f(2)=\sin 2-\ln 3<0$（因为 $\sin 2<1$ 且 $\ln 3>1$）。
   - 利用零点存在定理：由于 $f(x)$ 在 $[0,2)$ 内连续且 $f(0)=0$，$f(2)<0$，因此存在至少一个 $x_1\in(0,2)$ 使得 $f(x_1)=0$。
   - 分析 $f(x)$ 在 $(-1,0)$ 内的行为：由于 $\sin x$ 在此区间内为正且递减，而 $-\ln(1+x)$ 在此区间内也为正且递增（但递增速度逐渐减小），因此 $f(x)$ 在此区间内存在零点。通过数值分析或图形观察可知，存在至少一个 $x_2\in(-1,0)$ 使得 $f(x_2)=0$。
   - 综上，$f(x)$ 在区间 $(-1,2)$ 内有且仅有 2 个零点。

由文心大模型 3.5 生成

重新生成

图 6-14　数学题目解答结果

（3）WPS AI 操作。

①打开 WPS Office，新建一个空白文字文档，单击“WPS AI”按钮进入 WPS AI 功能模块，再单击“帮我写”按钮。

②在对话框中输入关于新闻稿的提示词“撰写一篇关于人工智能在医疗健康领域的应用的新闻稿，并提供一些特定的信息或要点，如行业趋势、重大事件、专家引用等”，单击“发送”按钮。

③获取文本后，可以在对话框中继续提问或下达指令，以便 AI 进一步完善和修改内容；或者选择“调整”“重写”来改变文本的风格和内容。操作完成后，单击“保留”按钮即可保存文本，如图 6-15 所示。

4. 拓展任务

①选取所在专业领域的相关外文文献内容，利用 AIGC 工具进行翻译，并对 AIGC 工具生成的翻译文本进行人工编辑，比较编辑前后文本的质量，探讨如何优化 AIGC 工具的翻译结果。

②使用 AIGC 工具撰写一篇关于一次校园活动（如运动会、文化节等）的新闻稿，并上传活动图片作为辅助材料。

标题：人工智能革新医疗健康领域：未来已来

正文：

【全球新闻网】随着人工智能（AI）技术的飞速发展，医疗健康领域正在经历一场前所未有的变革。AI不仅在提高诊断准确性、优化治疗方案和提升患者护理质量方面展现出巨大潜力，而且正在成为推动整个行业进步的关键力量。

行业趋势显示，AI在医疗健康领域的应用正从实验室走向临床实践。根据市场研究公司MarketsandMarkets的报告，全球医疗AI市场规模预计将从2020年的49亿美元增长至2026年的452亿美元，年复合增长率达到44.9%。这一增长主要得益于大数据、机器学习算法的不断进步以及医疗数据量的激增。

重大事件方面，2023年，一家名为HealthAI的初创公司宣布开发出一种能够通过分析医学影像来早期检测癌症的AI系统。该系统在临床试验中表现出色，准确率高达95%，远超传统诊断方法。这一突破性进展标志着AI在癌症早期诊断领域迈出了重要一步。

专家引用方面，约翰霍普金斯大学医学院的AI研究专家Dr. Emily Chang表示："AI技术正在帮助医生做出更快速、更准确的决策。例如，通过深度学习算法，我们可以训练AI系统识别复杂的医学影像中的微妙模式，这些模式可能对人眼来说难以察觉。"

除了诊断和治疗，AI还在个性化医疗和药物研发方面发挥着重要作用。AI算法能够分析患者的遗传信息、生活习惯和疾病历史，为他们提供量身定制的治疗方案。同时，AI在药物发现阶段可以预测分子的生物活性，显著缩短新药上市的时间并降低成本。

然而，随着AI在医疗健康领域的应用不断扩展，数据隐私和安全问题也日益凸显。专家们呼吁制定更加严格的法规和标准，以确保患者信息的安全和AI系统的透明度。

总之，人工智能正在医疗健康领域引发一场革命，它不仅提高了医疗服务的效率和质量，还为患者带来了更好的治疗结果。随着技术的不断进步和应用的不断深入，AI有望在未来彻底改变我们对健康和疾病的认知与管理。

【完】

联系人：新闻部

电子邮箱：press@globalnews.com

电话：+123-456-7890

图 6-15 新闻稿生成结果

实验 6-3 AI 智算——数据处理

1. 实验目的

①熟练运用 AIGC 工具进行电子表格操作。

②掌握 WPS AI 功能在电子表格数据处理中的应用。

③理解 AIGC 工具在辅助数据处理、统计分析等方面的优势。

2. 实验要求

①利用 Kimi 对成绩统计表进行排序、筛选和分类汇总。

②利用 WPS AI，采用多种形式的图表对成绩登记表中的数据进行展示。

3. 实验步骤

(1) 成绩排序、筛选和分类汇总。

①打开 Kimi 的对话框界面，将成绩统计表样例文件(见图 6-16)上传至 Kimi 对话框。

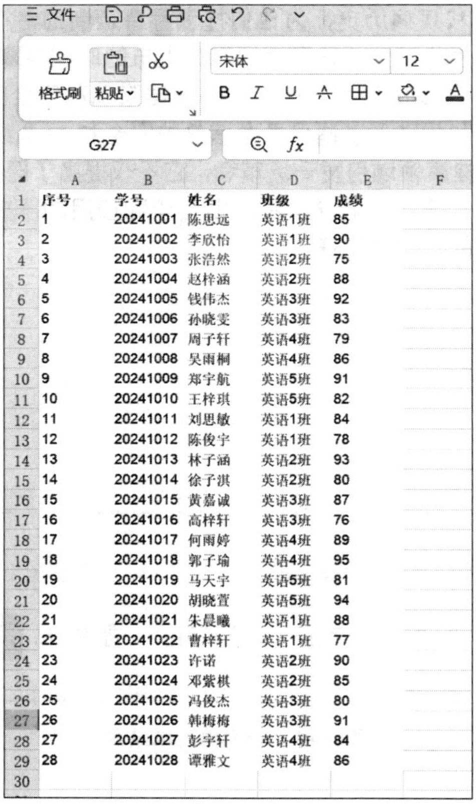

序号	学号	姓名	班级	成绩
1	20241001	陈思远	英语1班	85
2	20241002	李欣怡	英语1班	90
3	20241003	张浩然	英语2班	75
4	20241004	赵梓涵	英语2班	88
5	20241005	钱伟杰	英语3班	92
6	20241006	孙晓雯	英语3班	83
7	20241007	周子轩	英语4班	79
8	20241008	吴雨桐	英语4班	86
9	20241009	郑宇航	英语5班	91
10	20241010	王梓琪	英语5班	82
11	20241011	刘思敏	英语1班	84
12	20241012	陈俊宇	英语1班	78
13	20241013	林子涵	英语2班	93
14	20241014	徐子淇	英语2班	80
15	20241015	黄嘉诚	英语3班	87
16	20241016	高梓轩	英语3班	76
17	20241017	何雨婷	英语4班	89
18	20241018	郭子瑜	英语4班	95
19	20241019	马天宇	英语5班	81
20	20241020	胡晓萱	英语5班	94
21	20241021	朱晨曦	英语1班	88
22	20241022	曹梓轩	英语1班	77
23	20241023	许诺	英语2班	90
24	20241024	邓紫棋	英语2班	85
25	20241025	冯俊杰	英语3班	80
26	20241026	韩梅梅	英语3班	91
27	20241027	彭宇轩	英语4班	84
28	20241028	谭雅文	英语4班	86

图 6-16　成绩统计表样例文件

②从对话框对 Kimi 发出指令，要求其对成绩进行排序、筛选和分类汇总。例如，发出指令：筛选出所有成绩超过 90 分的学生，并从高到低进行排序，最后将这些成绩按照班级进行分类汇总。获取的生成结果如图 6-17 所示。

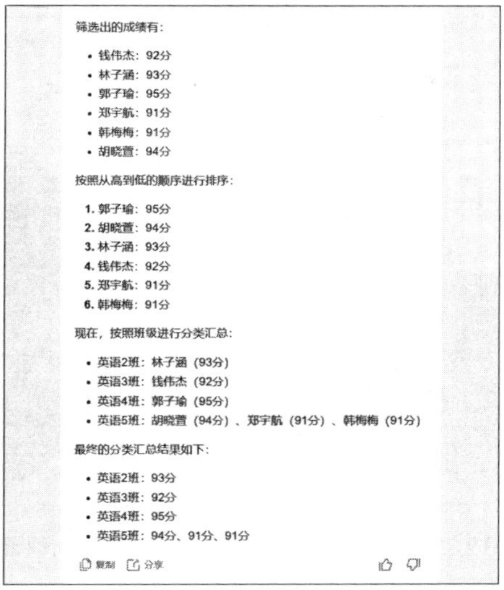

图 6-17　生成结果

(2)图表生成。

①利用 WPS Office 打开成绩登记表，进入 WPS AI 功能模块，单击“AI 表格助手”按钮①，出现“AI 表格助手”对话框，如图 6-18 所示。

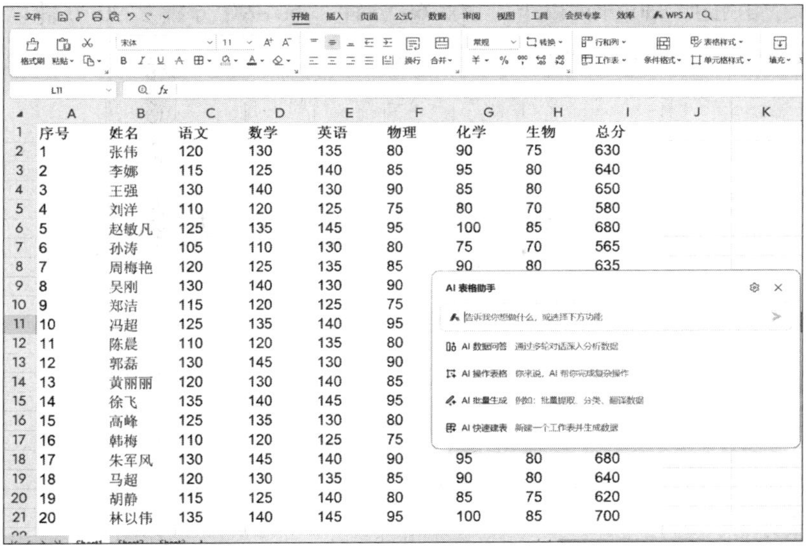

图 6-18　成绩登记表及“AI 表格助手”对话框

①某些版本可能没有此选项。

②在“AI 表格助手”对话框中描述生成图表的需求，如“生成每个科目的平均成绩柱状图”“生成语文科目不及格、及格、良好、优秀的学生人数占比饼图”等，WPS AI 将根据数据自动生成图表。生成的图表如图 6-19 所示。

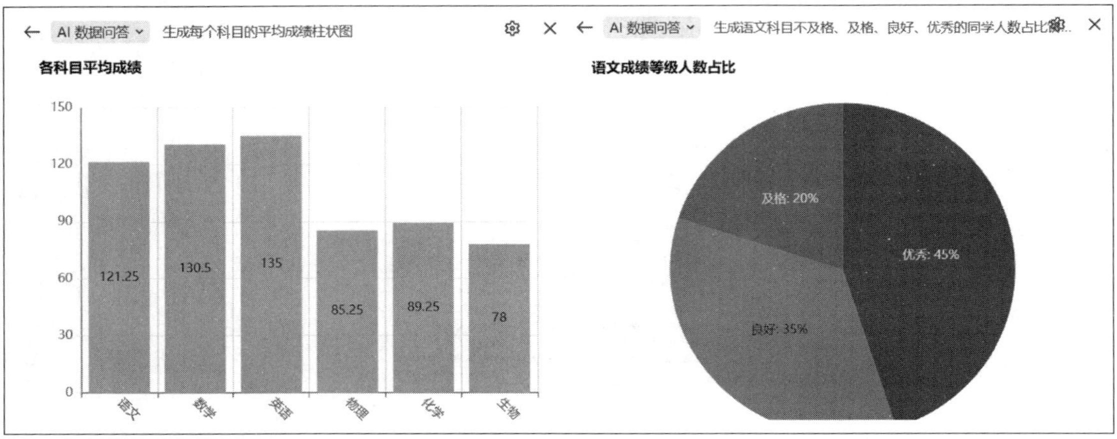

图 6-19　平均成绩柱状图(左)及人数占比饼图(右)

4. 拓展任务

收集所在城市一个月内的气温数据(每日最高气温和最低气温)，利用 AIGC 工具生成表格，筛选出一个月内的最高气温和最低气温，并生成一个月内城市气温变化的折线图。

收集班级同学一周内每天的阅读时长，利用 AIGC 工具生成表格，计算每位同学平均每天的阅读时长，并按照“30 分钟以下”“30～60 分钟”“60～90 分钟”“90 分钟以上”等区间进行分类，使用饼图展示每个区间内学生的比例。

实验 6-4　AI 演示——幻灯片制作

1. 实验目的

①掌握 AIGC 工具在幻灯片设计与内容优化中的应用。

②体验 AIGC 工具在提升幻灯片制作效率与效果方面的优势。

2. 实验要求

①利用讯飞智文生成主题为“人工智能在教育领域的应用”的幻灯片，设计其布局样式并添加动画效果。

②利用 WPS AI 制作以“大学生职业规划”为主题的幻灯片，并插入与主题相关的图片与图表。

3. 实验步骤

(1)创建幻灯片并添加动画效果。

①进入讯飞智文主页(https://zhiwen.xfyun.cn/home)，单击“一句话创建”按钮。

②在弹出的对话框内，输入想要生成的演示文稿的主题“人工智能在教育领域的应用”。

③使用讯飞智文的 AI 功能，根据输入的主题自动生成幻灯片大纲。按需对生成的大纲内容进行添加、修改或删减，调整完成后单击“下一步”按钮。

④从系统智能推荐的多样化模板库中，依据个人需求，通过设定行业、风格、颜色等多种参数选择恰当的模板。选定模板后，单击右上角的“开始生成”按钮，得到 AI 构建的演示文稿框架。

⑤浏览演示文稿框架，选中需要添加动画的演示文稿文本框，单击右上角出现的“动画”按钮，再单击“添加动画”按钮，为文本选择相应的动画效果。

⑥制作完毕后(见图 6-20)单击生成演示文稿上方的“保存”按钮，保存演示文稿。制作完毕的演示文稿可按需下载。

图 6-20 制作完毕的演示文稿

(2)幻灯片中插入图片和图表。

①打开 WPS Office，单击“WPS AI”按钮进入 WPS AI 功能模块。单击“AI 生成 PPT”下拉按钮，选择下拉菜单中的“主题生成 PPT”，如图 6-21 所示。

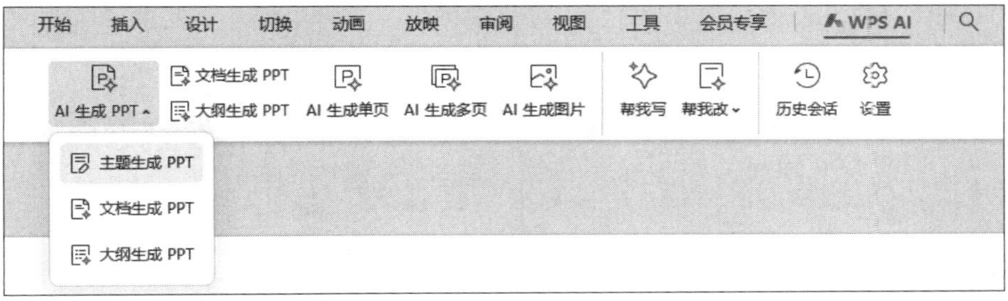

图 6-21 选择“主题生成 PPT”

②在 WPS AI 对话框中，输入幻灯片主题“大学生职业生涯规划”，单击“生成大纲”按钮，生成演示文稿大纲。

③获取生成的演示文稿大纲后，双击待修改区域即可进入编辑框进行调整。如若对大纲内容感到满意，单击“生成幻灯片”按钮。

④从 WPS 模板库中根据需要选择模板。选定模板后，单击右下角的“创建幻灯片”按钮，得到 AI 生成的演示文稿框架。

⑤选择希望添加图片的幻灯片，然后切换至“插入”选项卡。单击“图片”或“图表”按钮，从文件中挑选与主题相关的图片或图表进行插入。

⑥演示文稿生成结果如图 6-22 所示。可以通过 WPS 共享功能或电子邮件将演示文稿分享给其他用户。

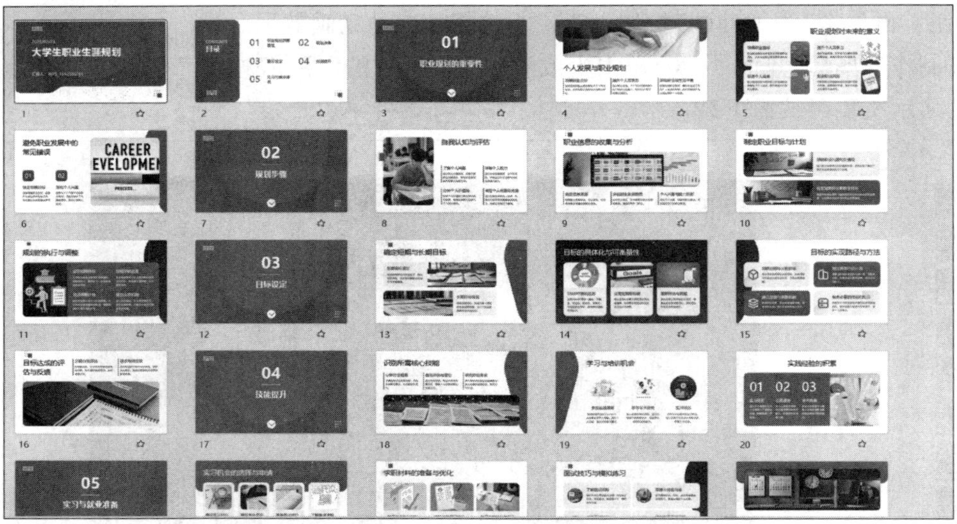

图 6-22　演示文稿生成结果

4. 拓展任务

选取自己所在专业领域内目前关注的一个话题，作为演示文稿主题，交由 AIGC 工具生成幻灯片大纲及内容，并根据自己的需求对其中的布局、样式、字体、图片、动画效果等方面进行修改完善。

实验 6-5　AI 绘画——图像生成

1. 实验目的

①掌握使用 AIGC 工具对受损或低质量图片进行修复的方法。

②掌握使用 AIGC 工具进行绘画风格迁移的方法。

③掌握 AIGC 工具在角色与场景设计中的应用。

2. 实验要求

①利用 AI 图像修复与增强功能，实现历史照片的修复。

②利用 AI 绘画风格迁移功能，将古典油画风格应用于现代城市风光图片。

③利用 AIGC 创建游戏角色与场景概念图。

3. 实验步骤

(1)修复历史图片。

①进入文心一格官网(https://yige.baidu.com)，如图 6-23 所示，单击页面上的“图片变高清”按钮。

图 6-23 文心一格官网

②进入“图片变高清”页面(见图 6-24)后，单击右侧区域中的“上传图片”按钮，并选择“上传本地图片”，上传图片。此处以图 6-25 为示例图。

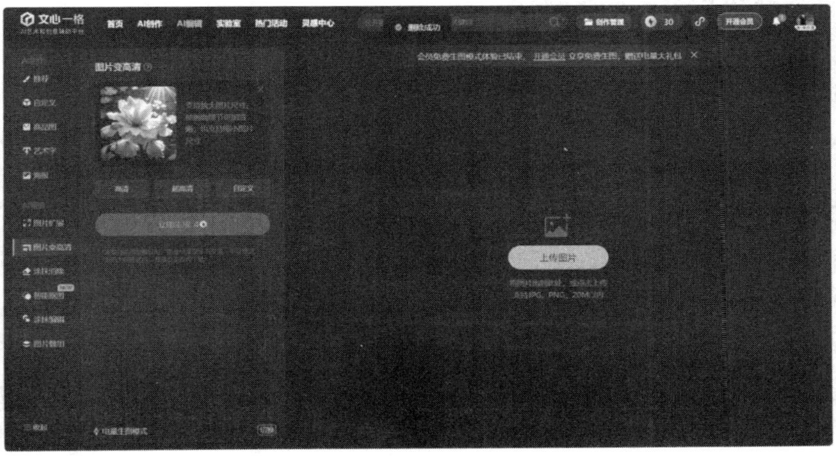

图 6-24 “图片变高清”页面

图 6-25　历史照片示例图

③在图 6-26 所示页面左侧选择生成图像的清晰度，可供选择的有“高清”和“超高清”，也可以自定义图片清晰度。

图 6-26　图片修复清晰度选择

④调节完成后单击“立即生成”按钮，即可得到修复后的图片。将鼠标指针移至修复后图片下方的“编辑本图片”按钮上，会显示功能菜单，在其中可选择“图片拓展”“涂抹消除”“智能抠图”等操作(见图 6-27)，修复完毕后即可下载图片。

图 6-27　编辑修复后图片

(2)将古典油画风格应用于现代城市风光图片。

①在文心一格官网首页选择页面上方的“AI 创作”，进入图 6-28 所示页面。

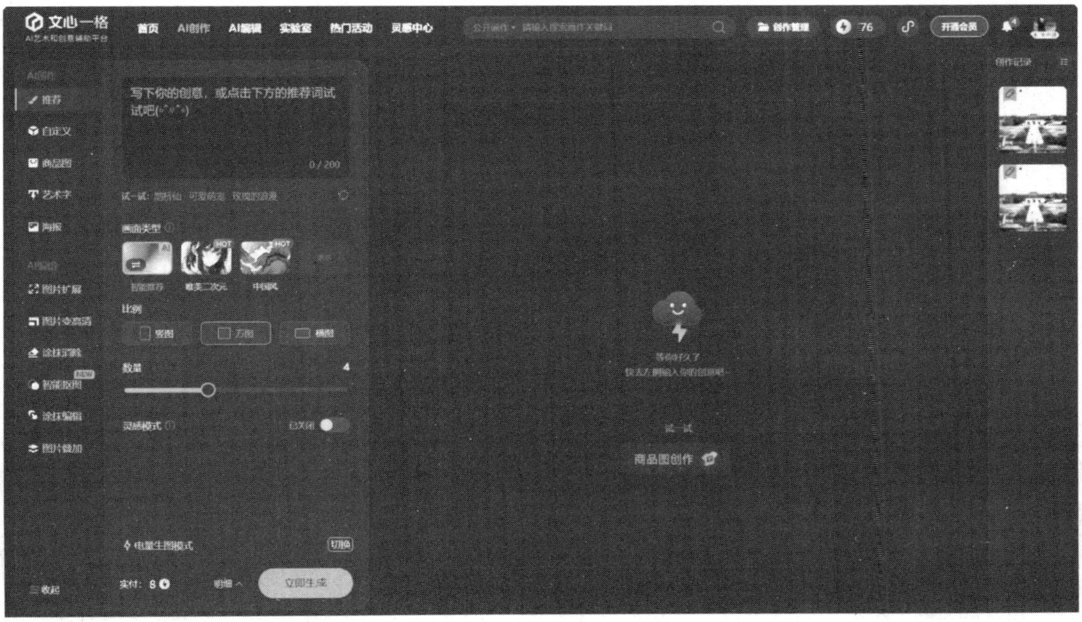

图 6-28　“AI 创作”页面

②选择页面左侧的“自定义”，进入“自定义”页面，如图 6-29 所示。

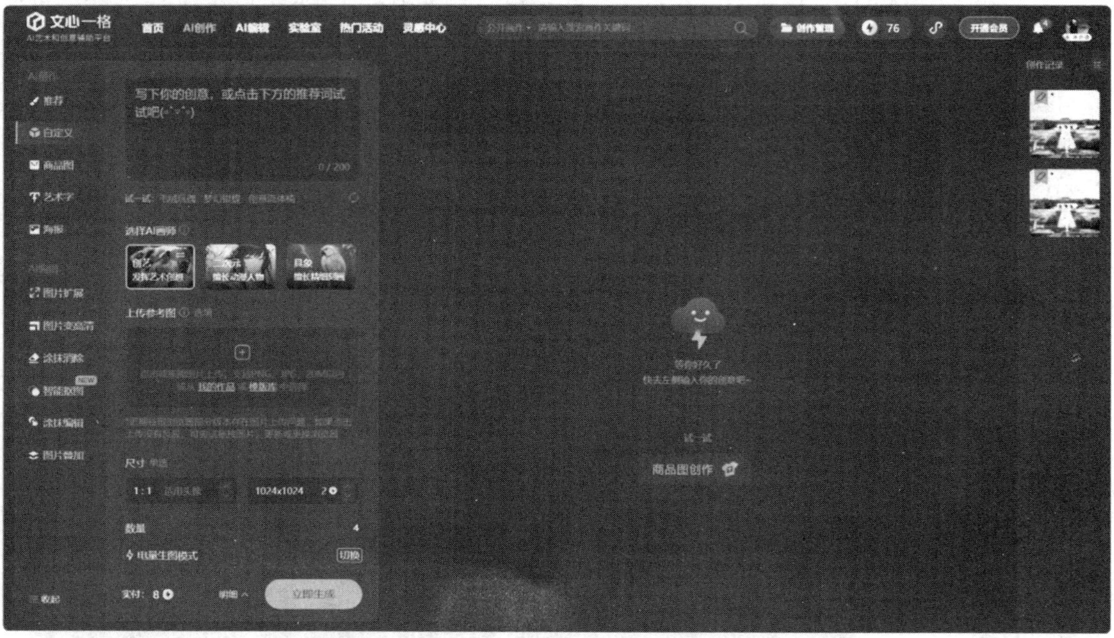

图 6-29 “自定义”页面

③在左侧窗格中的“上传参考图”处通过拖动或单击以上传图片，此处以图 6-30 所示图片为例。上传图片后，在文本框内输入“古典油画风格”，并拖动参考图右方的滚动条以调节影响比重（比重越大，参考图的影响越大，生成图片与参考图越相似），如图 6-31 所示。

图 6-30 城市风光参考图

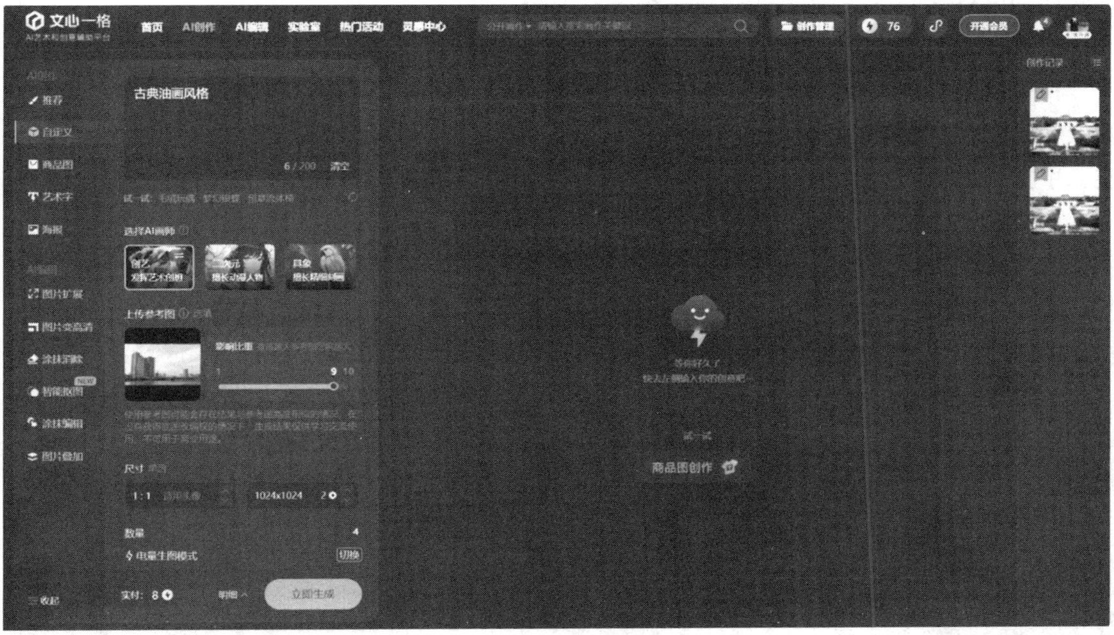

图 6-31　上传图片后页面

④向下滚动左侧“自定义”窗格，选择画面风格为“油画”，修饰词为“明亮”，艺术家为“梵高”。单击页面下方的“立即生成”按钮，文心一格将在右侧生成四幅图片，如图 6-32 所示。

图 6-32　生成图片

(3)用 AIGC 工具创建游戏角色与场景概念图。

在开始创作之前，需要明确角色和场景的具体设定。

角色设定包括角色的外貌特征(如发型、服饰、肤色等)、性格特点(如勇敢、善良、幽默等)以及可能的动作或表情。例如，“一位年轻的女性角色，长发飘逸，身着华丽的古装，手持长剑，面带微笑，眼神坚定”。

场景设定可描述背景、氛围、建筑、植物等细节，以及角色在场景中的位置和活动。例如，“一个充满古风特色的小镇，街道两旁是古色古香的建筑，街道上人来人往，热闹非凡。女性角色站在街道中央，周围是熙熙攘攘的人群”。

以下是使用 AIGC 工具进行人设创作的具体步骤。

①构思好角色和场景后，在文心一格首页选择“AI 创作”，将构思好的角色和场景描述文本输入界面左上方的文本框中。单击页面左侧的“自定义”选项，进入“自定义”页面。

②向下滚动界面左侧“自定义”窗格，添加画面风格为“动漫”，修饰词为“精细刻画”“高清”，如图 6-33 所示。

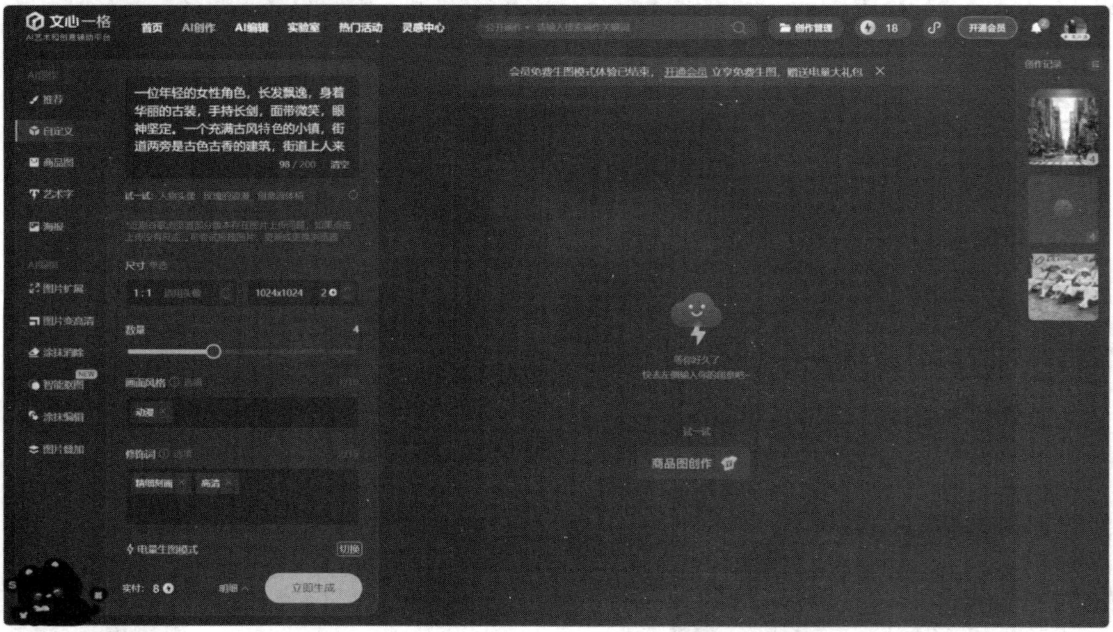

图 6-33　添加画面风格和修饰词

③单击“立即生成”按钮，文心一格将根据文本描述生成图片，如图 6-34 所示。

4. 拓展任务

①选择一种 AIGC 图像生成工具，创造属于自己的个性化卡通头像，以表达自己的个性和风格。

②设想一个未来世界的场景，如未来城市、太空探索基地等，利用 AIGC 图像生成工具根据个人创意，生成该场景，并对图像进行细节添加和风格调整。

图 6-34 生成图片

实验 6-6 AI 分身——数字人生成

1. 实验目的

①掌握 AIGC 工具在数字人生成中的应用。

②理解数字人生成的基本原理和技术。

2. 实验要求

①利用 AIGC 工具生成具有个性化特征的数字人形象。

②为数字人添加相关文案并实现校园新闻播报。

3. 实验步骤

(1)生成数字人形象。

①进入蝉镜官网首页(https://www.chanjing.cc)，注册并登录，登录成功后单击“立即创作”按钮，进入“蝉镜”主页，如图 6-35 所示。

图 6-35 “蝉镜”主页

②单击“文生数字人”按钮，进入图 6-36 所示页面。

图 6-36 “文生数字人”页面

③选择“预置风格”：在页面左侧“预置风格”处有“日常社交”与“专业人士”两种风格，“日常社交”适用于日常社交媒体的创作与分享，通常为竖版。“专业人士”风格适用于宣传、教育、解说等专业场景，通常为横版，可根据实际需要选择。此处以“日常社交”风格为例。

④偏好设置：选择数字人的“年龄”“性别”“地区”，同时增添相关的人物细节和背景。增加细节和背景时，若无思路，可以单击输入框内的“提示词生成器”，选择数字人“发色”

“发型”等细节以及“天气”“时刻”“场景”“光线”等背景，如图 6-37 所示。还可以单击“随机试试”，由系统随机生成提示词。此处增添细节“金色”“卷曲”“正常的”“T 恤”及背景“晴空”“ 早晨”“ 在运动场”“ 自然光”。

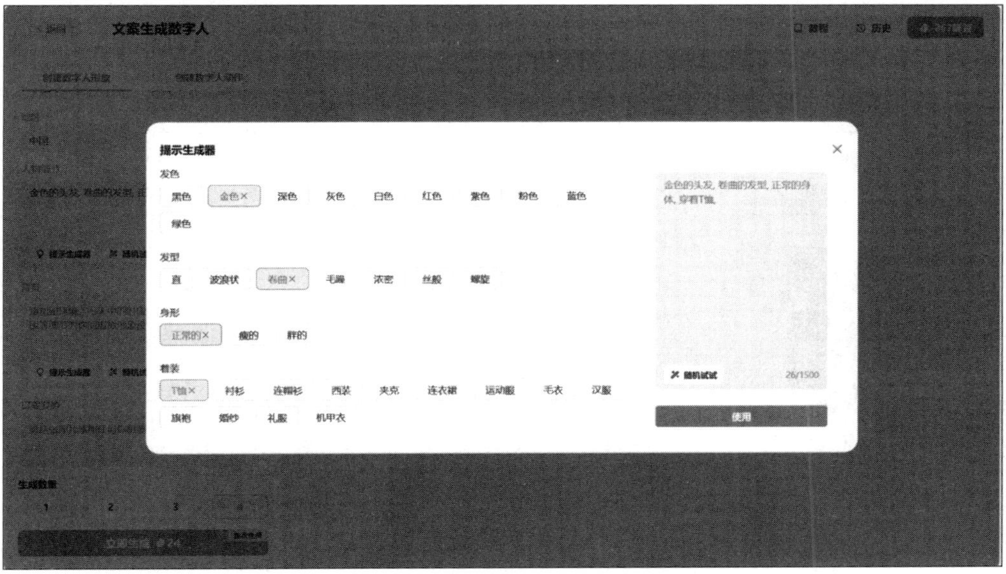

图 6-37 “提示生成器”对话框

⑤口播姿势及尺寸：输入数字人的口播姿势并选择合适的尺寸即可，此处以创建数字人口播姿势为“站立，略微向前倾斜，双臂自然放松在两侧”、尺寸竖版“9 : 16”为例。

⑥以上步骤完成后，单击下方的“立即生成”按钮即可生成符合要求的数字人形象，如图 6-38 所示。

图 6-38 生成数字人形象

(2)生成数字人动作。

①确认数字人形象，单击“生成数字人动作”，进入图6-39所示页面。

②开启左方“情感”和“手势”开关按钮，并描述数字人说话情感，如“带着友好的微笑说话，眉毛略微上扬，目光注视观众，给人亲切的感觉”，单击“立即生成”按钮，可生成动态且富有感情的数字人形象。每次生成时，数字人的动作都是随机的，可以随意生成多次，以找到满意的效果。

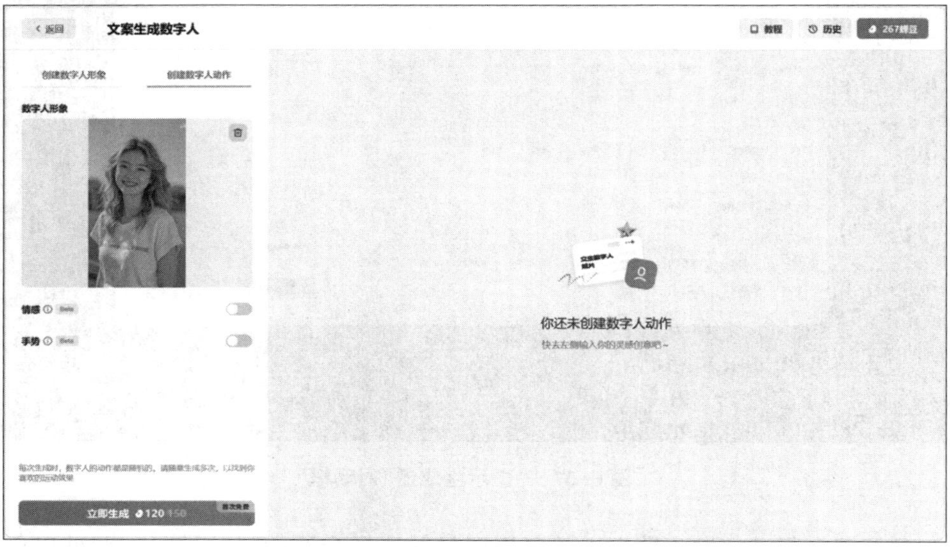

图6-39 “生成数字人动作”页面

③单击“创建数字人”，输入数字人名称，并选择声音，如图6-40所示。单击“保存”按钮，即可生成数字人动作，如图6-41所示。

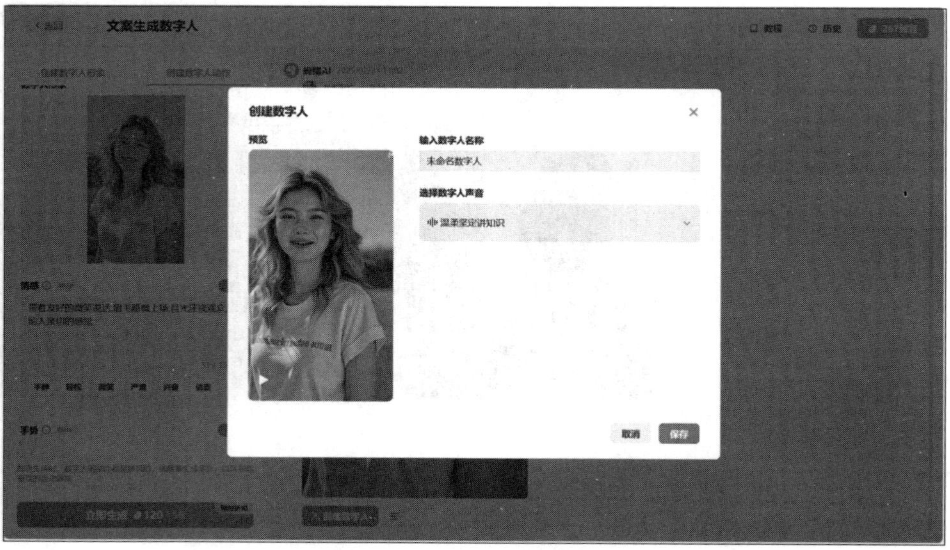

图6-40 保存数字人形象

图 6-41　生成数字人动作

(3)创建视频。

①返回“蝉镜”主页，单击“数字人像”按钮，可以看到创建的数字人，如图 6-42 所示。单击“创作视频”按钮，进入图 6-43 所示界面。

图 6-42　“数字人像”页面

图 6-43 “创作视频”页面

②若已有文案，则在页面右侧的文本框中直接输入内容，再单击文本框右上方的“一键改写”按钮进行修改润色。若无文案，可单击“AI 创作”按钮，打开“AI 方案创作”对话框，如图 6-44 所示，输入话题“校园新闻”，自行选择“文案字数”和“生成数”。单击“立即生成”，将生成数条满足要求的文案。

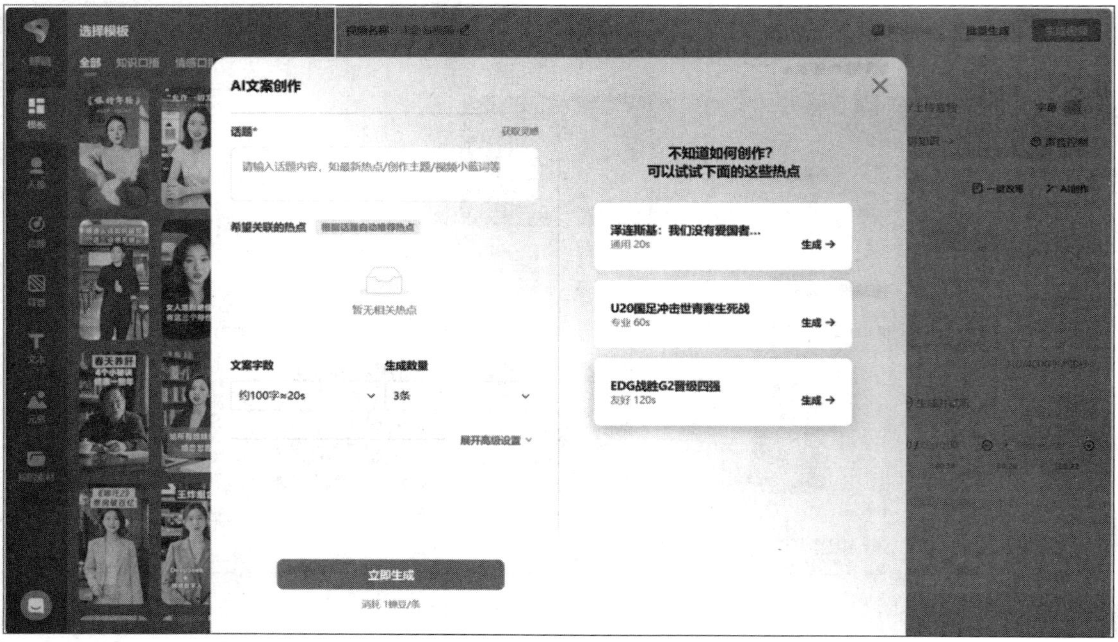

图 6-44 “AI 文案创作”对话框

③单击文案右侧的“去使用”按钮，在弹出的对话框中单击“确定”按钮，生成的文案即可直接导入文本框，单击“生成并试听”按钮，即可生成相应的配音。单击“声音控制”按钮可以调节配音的“语速”“语调”“音量”等，如图 6-45 所示。调节后单击“应用”按钮即可。

图 6-45　声音控制

④单击左方的“音频”（见图 6-46）、“背景”按钮，分别为视频增添合适的音频和背景。

图 6-46　增添音频

⑤单击页面左侧的“文本”按钮，再单击“添加标题”按钮，在页面右侧的文本框处修改标题，拖动视频中的标题至合适位置，并在页面右侧调节字体、颜色、字号、样式等。例如，修改标题为“校园新闻”，选择“思源宋体”字体，颜色为“#FDF681”，字号为“110”，效果如图6-47所示。

图 6-47　添加标题

⑥完成上述操作后，单击页面中间的三角形播放图标可对视频效果进行预览，确认无误后单击“生成视频”按钮即可生成数字人视频。单击视频下方的图标，可对视频进行保存与转发，如图6-48所示。

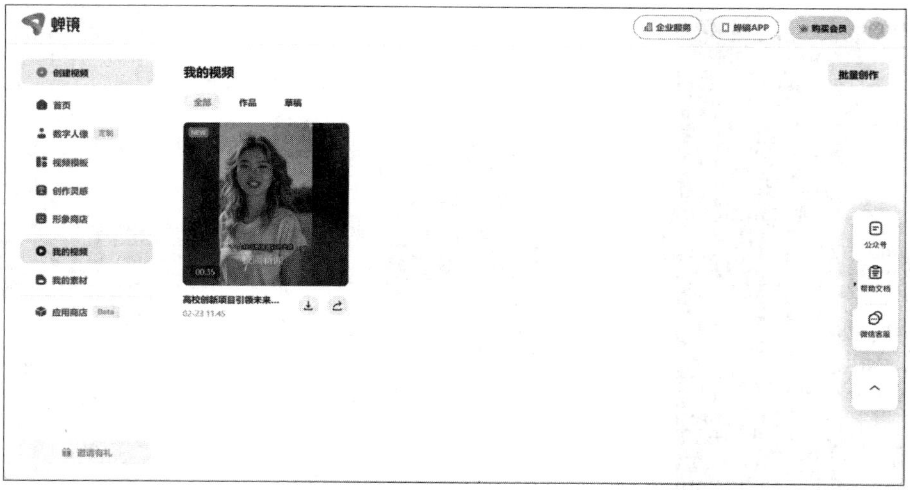

图 6-48　生成视频

4. 拓展任务

设计并实现一个数字人校园导览系统，使数字人能够根据用户要求，在校园地图上进行标注和讲解，为大家提供个性化的校园导览服务。

第 7 章

综合应用能力训练

实训 7-1 Windows 文件管理

实践 1：掌握 Windows 文件系统的基本结构

练习 1：文件系统结构探索

(1)打开 Windows 操作系统的“此电脑”窗口。

(2)列出并描述看到的顶级文件夹(如 C:\、D:\等)及其用途。

(3)深入探索一个主要硬盘分区(如 C 盘)，描述其下的主要文件夹(如 Windows、Program Files、Users 等)及其各自的功能。

(4)尝试创建一个新的文件夹，并为其命名，注意遵循 Windows 的命名规则。

练习 2：命名规则实践

(1)尝试使用以下字符为文件夹或文件命名，并记录哪些字符是允许的，哪些是不允许的。

空格、下划线(_)、连字符(-)、点(.)、星号(*)、问号(?)、冒号(:)、双引号(")、尖括号(<>)、竖线(|)、反斜杠(\)、斜杠(/)。

(2)解释某些字符在 Windows 文件系统中被禁止使用的原因。

实践 2：熟悉 Windows 文件管理工具

(1)使用资源管理器浏览计算机中的文件夹和文件，并找到“文档”文件夹。

(2)在“文档”文件夹中创建一个名为“练习文件”的新文件夹。

(3)在“练习文件”文件夹中创建一个文本文件，命名为“示例.txt”，并输入一些内容。

(4)将“示例.txt”文件复制到“桌面”上，并验证复制是否成功。

(5)将“桌面”上的“示例.txt”文件移动到“图片”文件夹中，并验证移动是否成功。

(6)将“图片”文件夹中的“示例.txt”文件重命名为“重命名示例.txt”。

(7)删除“图片”文件夹中的“重命名示例.txt”文件，然后尝试从回收站中恢复它。

实践3：理解并应用文件属性与权限管理

练习1：文件属性管理

(1)创建一个新的文本文件，命名为“属性测试.txt”。

(2)将“属性测试.txt”文件的属性设置为“只读”，并尝试对其进行编辑，观察会发生什么。

(3)将“属性测试.txt”文件的属性设置为“隐藏”，然后尝试在资源管理器中查看，并寻找显示隐藏文件的方法。

练习2：文件夹共享与权限设置

(1)创建一个名为“共享文件夹”的新文件夹，并放入一些文件。

(2)设置“共享文件夹”文件夹的共享权限，允许特定用户或用户组访问。

(3)使用另一个用户账户(或创建一个新用户)尝试访问“共享文件夹”文件夹，并验证权限设置是否生效。

实践4：文件压缩与解压缩

(1)创建一个包含多个文件的文件夹，命名为“待压缩文件夹”。

(2)使用 Windows 内置的压缩工具将“待压缩文件夹”文件夹压缩为 ZIP 文件。

(3)将上述 ZIP 文件解压缩到另一个位置，并验证解压缩后的文件是否完整可用。

实践5：备份与恢复文件

(1)创建一个包含重要文件的文件夹，命名为“重要文件备份”。

(2)使用 Windows 系统工具(如备份和还原)或第三方备份软件为“重要文件备份”文件夹创建一个备份。

(3)删除“重要文件备份”文件夹中的某些文件。

(4)使用之前创建的备份恢复删除的文件，并验证恢复是否成功。

实训7-2 WPS图文混排

实践1：我的大学生活

任务：创建一个关于“大学生活”的 WPS 文字文档，文档中需要包含至少3张与大学生活相关的图片(如图书馆、食堂、宿舍等)。

要求：

(1)插入图片并调整其大小，使其适应文档布局。

(2)调整图片位置，确保图片与文字内容相互照应。

(3)尝试不同的图片布局方式(如嵌入型、四周型环绕、紧密型环绕等)，选择最适合的一种。

(4)调整标题字体，使之美观。

(5)文中文字可以使用不同的颜色做标记。

(6)使用分栏作为版面设计。

(7)可以使用竖版文字使版面多样化。

样例①如图 7-1 所示。

水木清华之校园：自强不息，厚德载物

清华大学校园景色俯瞰图（摄影：刘旋/清华大学）

巍巍清华，百年沧桑；群星璀璨，桃李芬芳。从百年清华走出的俊杰英才不计其数，而留驻清华，见证校园历史变迁和兴衰起伏的，则是那些寂静无言的川石草木和一座座或典雅或雄武或美轮美奂或古色古香的经典建筑。

百年清华，古朴如画

清华大学的前身是清华学堂，成立于 1911 年，当初是清政府用美国“退还”的部分“庚子赔款”建立的一所留美预备学校。辛亥革命后更名为清华学校，1925 年设立大学部，同年开办国学研究院。1928 年 8月，正式更名为“国立清华大学”，“以求中华民族在学术上之独立发展，而完成建设新中国之使命为宗旨”。在梅贻琦校长的主持下，清华大学名师荟萃、学术繁荣、学风严谨、经费充裕，至抗战前夕，已是全国一流的高等学府。

国立西南联合大学校门

水木清华不仅历史悠久，而且校园景色古朴雅致，如诗如画。清华地处北京西北郊繁盛的园林区，校园周围名园古迹林立，园内林木俊秀。校园西区为老校区，以美式的校园布局和众多西洋风格的砖水木清华石结构历史建筑为特色，东区校园则以上世纪 50 年代兴建的苏式主楼为主体，90 年代开始新建了现代风格的建筑物。我们在前面一系列文章中，分别介绍了清华大学的老图书馆、紫荆公寓、西体育馆、大礼堂、二校门、荷塘等校园建筑。

自强不息，厚德载物

清华大学『自强不息，厚德载物』的校训，源于我国近代著名政治家、思想家、学者梁启超在清华的一次演讲。

图 7-1 “大学生活”文档样例

①样例仅供参考，并非唯一结果。

实践2：海报制作

任务：利用WPS文字的图文混排功能，制作一张校园活动海报。

要求：

（1）使用艺术字制作标题，选择合适的字体、字号和颜色，以突出主题。

（2）插入与活动相关的图片，调整图片大小和位置，使其与整体布局相协调。

（3）插入文本框并输入活动详情，设置合适的字体、字号和颜色，确保信息清晰、易读。

（4）为海报添加合适的背景色或背景图片，提升整体视觉效果。

通过这一实践题目，学生可以学会如何运用WPS文字的图文混排功能，将文字、插图和背景等元素有机地结合在一起，制作出具有吸引力的海报。

样例如图7-2所示。

汉服热的背后，
不仅只是一种美丽，
还有着泱泱华夏5000年来的文化沉淀。
汉服社
【校园汉服社期待你的加入】
时间：9月10-11日
报名地址：教学楼1楼会议室

图7-2　海报样例

实践3：图文布局设计

任务：设计一份关于“消防安全”的宣传手册。

要求：

（1）使用WPS文字的“目录”功能，为文档添加目录，方便读者查阅。

（2）插入页眉和页脚。

(3)合理安排图片与文字的位置和大小，使手册整体美观。使用颜色、字体和线条等元素，增强海报的视觉效果。

(4)插入相应的表格。

(5)设置图片的文字环绕效果，如穿越型环绕或紧密型环绕。调整文字与图片的间距，确保文字清晰、易读。

(6)尝试为图片添加边框或阴影效果。

(7)使用艺术字或文本框等方式，添加与图片相关的文字说明或标题，使整体布局更加生动美观。

(8)设计多种版式。

样例如图 7-3 所示。

图 7-3 图文布局设计样例

实训 7-3 WPS 表格处理

实践 1：日常事务进度表

任务：根据自己的实际情况，制作一份日常事务进度表。

要求：

(1)创建一个表格，列出要做的事务，并将这些信息以表格的形式进行整理。

(2)根据实际情况，填充至少 5 项任务和当前进度。

(3)做出图表，可以根据事务的完成度显示每项事务的进度。

(4)对图表进行美化。

样例如图 7-4 所示。

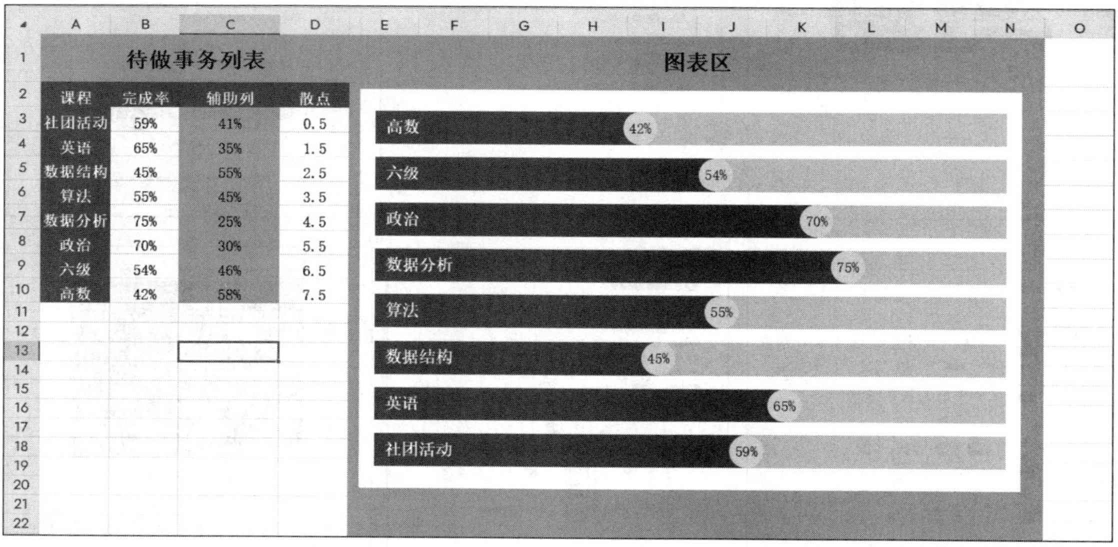

图 7-4 日常事务进度表样例

实践 2：社团招新人数对比

任务：学校每年都会进行社团招新活动，涉及多个社团，包括计算机协会、篮球社、舞蹈社等。现在需要对各社团的招新人数进行对比分析，以评估各社团的招新效果，并为未来的社团活动和招新策略提供参考。

要求：

(1)将收集到的数据整理成表格形式，表格应包含清晰的列标题和行数据，便于后续的数据处理和分析。

(2)根据需要对数据进行排序，如按招新人数从多到少或从少到多排序。使用筛选功能，快速定位到特定的社团或数据范围，便于进一步分析。

(3)对表格中的数据进行适当的格式化，如设置数字格式，调整列宽和行高，添加边框等。确保表格的视觉效果清晰、易读，便于他人理解和使用。

(4)在表格中进行简单的数据计算，如计算各社团招新人数的总和、平均值、标准差等。这些计算结果可以为后续的数据分析和可视化提供重要的参考。

(5)将招新人数数据转化为图表形式，如柱状图、折线图、饼图等。图表应包含清晰的标题、图例和坐标轴标签，便于理解和分析。通过图表展示，可以直观地看出各社团招新人数的差异和趋势。

样例如图 7-5 所示。

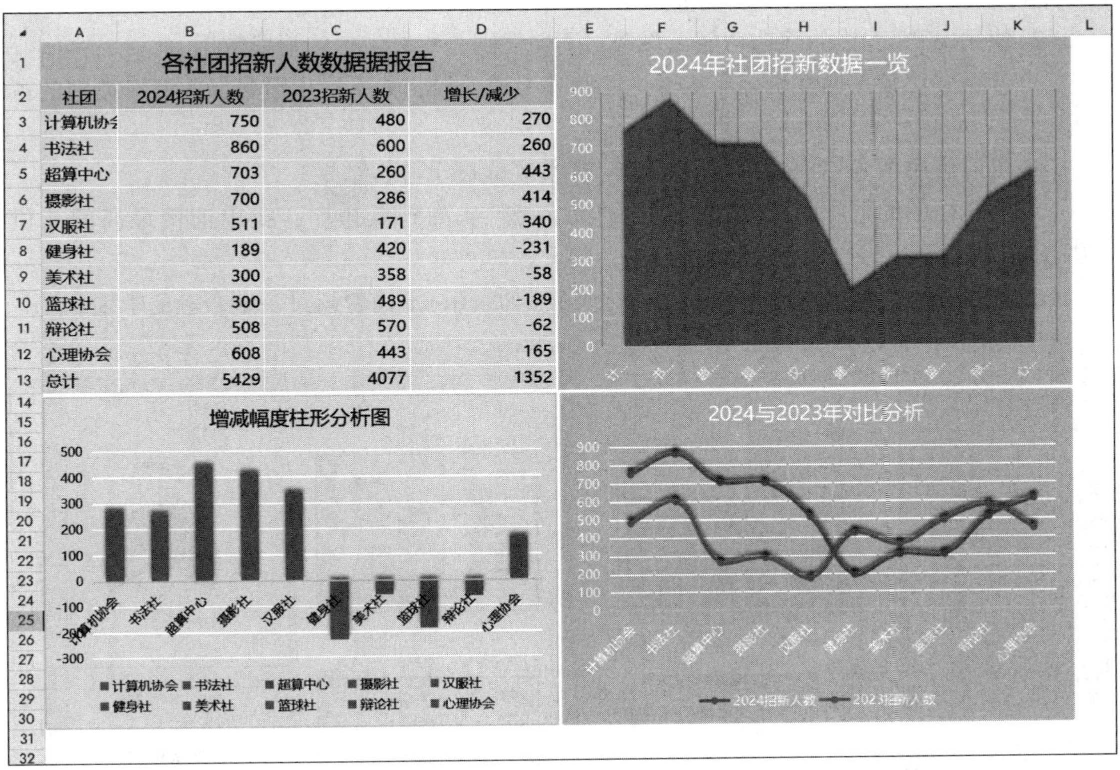

各社团招新人数数据据报告

社团	2024招新人数	2023招新人数	增长/减少
计算机协会	750	480	270
书法社	860	600	260
超算中心	703	260	443
摄影社	700	286	414
汉服社	511	171	340
健身社	189	420	-231
美术社	300	358	-58
篮球社	300	489	-189
辩论社	508	570	-62
心理协会	608	443	165
总计	5429	4077	1352

图 7-5 社团招新人数对比样例

实训 7-4 WPS 数据处理

实践 1：大学生消费习惯

任务：为了解大学生的消费习惯，需要在班级内进行一次问卷调查，收集学生们的消费数据。将这些数据整理到 WPS 表格中，并进行初步分析。

要求：

(1)根据收集到的数据，将每位学生的消费数据录入到表格中，确保数据准确无误，对数据进行适当的格式调整，如设置数字格式、对齐方式等。

(2)使用 WPS 表格的筛选功能，筛选出不同性别、年级学生的消费数据。

(3)分析并比较不同性别、年级学生的消费习惯差异，如平均生活费、各消费类别的占比等。

(4)可以使用图表(如柱状图、饼图等)来直观地展示分析结果。

(5)对表格中的数据进行排序，如按“总消费”从高到低排序，找出消费最高的几位学生。

(6)使用筛选功能，筛选出在某个特定类别(如娱乐)上消费超过一定金额的学生。

样例如图 7-6 所示。

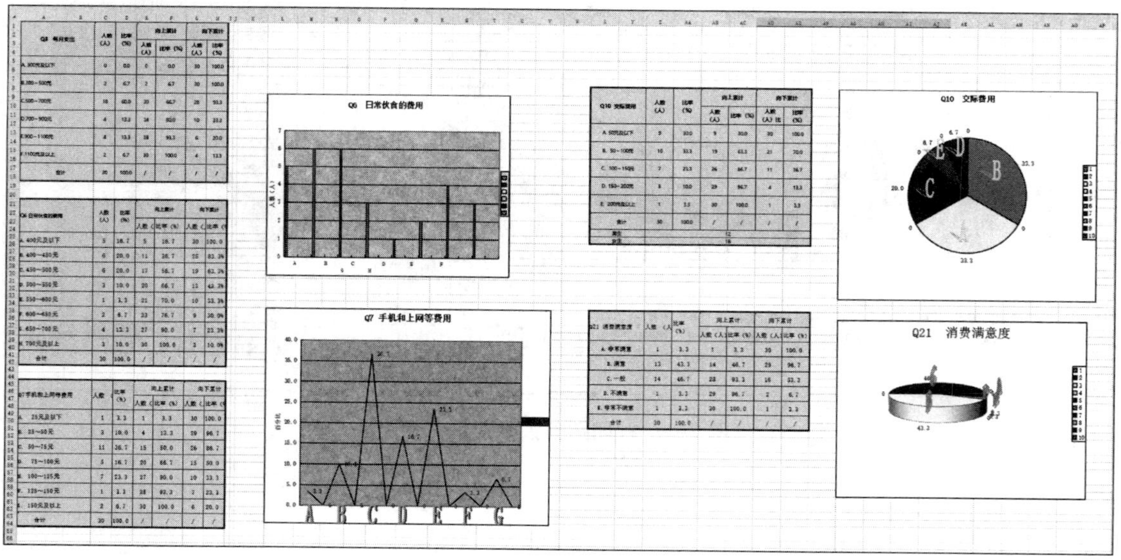

图 7-6 大学生消费习惯分析样例

实践 2：课程成绩管理与分析

任务：请对同专业学生的成绩进行管理和分析。使用 WPS 表格创建一个数据表格，记录学生的基本信息和各科成绩，并进行一系列分析，以帮助学生和老师更好地了解学生的学习情况。

要求：

（1）设计一个包含以下字段的数据表格：学号、姓名、性别、班级、课程名称、平时成绩、期末成绩、总成绩（计算公式为：平时成绩×30％+期末成绩×70％）、年级排名（按总成绩降序排列，可使用 WPS 表格的排序功能实现）、是否及格（总成绩大于或等于 60 分为及格，否则为不及格，可使用 WPS 表格的条件格式或 IF 函数实现）。表格结构如表 7-1 所示。

表 7-1　课程成绩管理与分析表格结构

列标题	数据类型与说明
学号	文本，每个学生的唯一标识
姓名	文本，学生的姓名
性别	文本，学生的性别（男或女）
班级	文本，学生所在的班级（如 1 班、2 班等）
课程名称	文本，学生所修的课程名称
平时成绩	数字，学生在该课程中的平时成绩（0～100 分）
期末成绩	数字，学生在该课程中的期末成绩（0～100 分）
总成绩	数字（计算得出），学生的总成绩（平时成绩×30％+期末成绩×70％）
年级排名	数字（计算得出或排序得出），学生在整个年级中的排名（按总成绩降序排列）
是否及格	文本（条件判断得出），学生是否及格（是或否）
…（其他列）	根据需要添加的其他字段，如课程学分、教师评价等（如果有的话）

（2）根据数据表格，分析并得出：各班级的平均分和及格率；各课程的平均分和最高或最低分；年级前 10％的学生名单及其总成绩；不及格学生的名单及不及格科目。

（3）根据实际情况，填充至少 50 名学生的基本信息和各科成绩数据。确保数据具有代表性和多样性，以反映不同班级、性别和课程之间的成绩差异。

（4）根据年级排名，提取年级前 10％的学生的名单及总成绩，并考虑如何将这些信息以图表的形式进行可视化展示（如柱状图、饼图等）。

（5）筛选出不及格学生的名单及其不及格科目，并考虑如何将这些信息以表格或列表的形式进行整理。

（6）考虑如何对表格进行格式化，以提高可读性和美观性（如调整列宽、行高、字号、颜色等）。

(7) 考虑如何保护表格中的数据，防止未经授权的修改或删除(如设置密码保护、只读模式等)。

样例如图 7-7、图 7-8 所示。

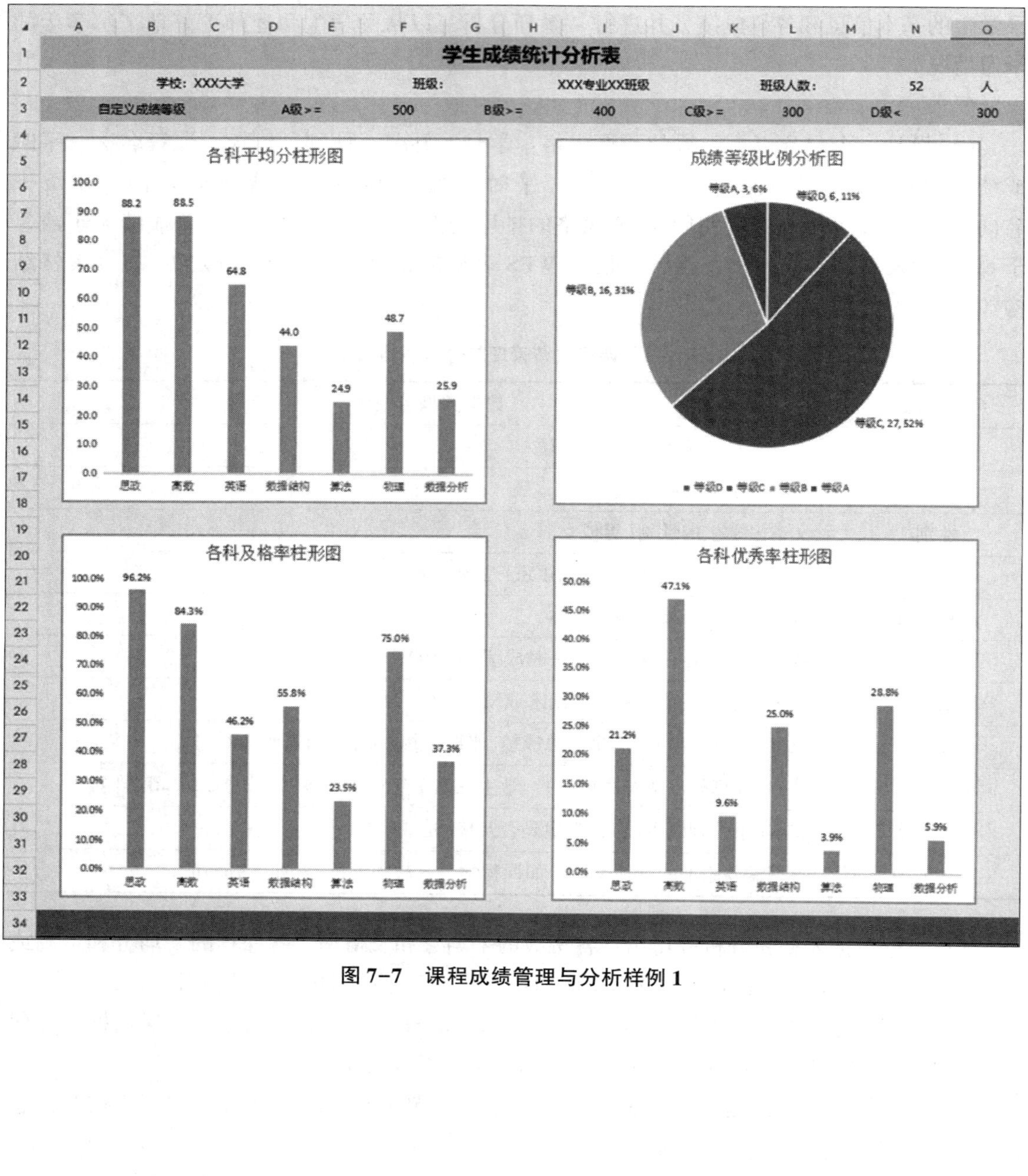

图 7-7　课程成绩管理与分析样例 1

考号	姓名	思政	高数	英语	数据结构	算法	物理	数据分析	总分	班次	级次	等级	班进退	校进退
391001	学生01	100	100	104	60	43	69	45	521	1	1	A	0	0
391002	学生02	102	117	97	60	31	67	46	520	2	2	A	0	0
391005	学生03	105	106	96	60	41	66	40	514	3	3	A	2	2
391007	学生04	93	114	97	56	32	62	36	490	4	5	A	3	2
391003	学生05	98	110	92	62	39	54	34	489	5	6	A	-2	-3
391008	学生06	98	117	82	58	33	65	35	488	6	7	A	2	1
391009	学生07	94	102	96	56	29	69	38	484	7	8	A	2	1
391004	学生08	91	96	90	62	37	61	38	475	8	10	A	-4	-6
391006	学生09	96	113	86	54	34	53	37	473	9	11	A	-3	-5
391014	学生10	93	105	91	58	28	57	33	465	10	12	A	4	5
391010	学生11	88	101	79	58	30	59	39	454	11	13	A	-1	-1
391011	学生12	86	101	87	51	28	54	30	437	12	15	A	-1	-1
391019	学生13	97	91	81	52	25	50	34	430	13	17	A	6	7
391013	学生14	88	107	74	51	28	54	26	428	14	18	A	-1	-2
391012	学生15	82	100	81	57	25	56	23	424	15	19	A	-3	-4
391018	学生16	96	92	72	44	29	58	33	424	16	20	A	2	3
391031	学生17	99	82	79	50	33	37	30	410	17	24	A	14	28
391016	学生18	88	104	70	28	23	60	33	406	18	26	A	-2	-7
391022	学生19	93	94	76	56	25	41	20	336	19	27	A	3	8
391024	学生20	92	96	76	56	19	42	24	337	20	28	A	4	8
391017	学生21	95	98	73	42	23	47	25	403	21	30	A	-4	-8
391015	学生22	83	100	82	38	15	56	21	395	22	32	A	-7	-14
391037	学生23	79	97	74	32	25	50	35	392	23	35	A	14	45
391032	学生24	93	87	60	34	37	53	26	390	24	36	A	8	17
391021	学生25	87	104	54	37	22	52	26	382	25	38	A	-4	-10
391025	学生26	90	94	33	40	24	62	38	381	26	41	A	-1	-4
391033	学生27	90	90	73	30	24	51	20	378	27	44	A	6	21
391020	学生28	85	98	74	34	21	44	21	377	28	45	A	-8	-18
391034	学生29	98	110	63	42	18	30	14	375	29	47	A	5	19
391030	学生30	86	101	44	44	19	49	23	366	30	54	A	0	-4
391023	学生31	91	76	65	46	29	36	22	365	31	55	A	-8	-17
391029	学生32	83	80	57	40	26	50	26	362	32	59	A	-3	-16
391038	学生33	81	103	47	46	21	42	22	362	33	61	A	5	26
391027	学生34	95	83	67	39	18	35	24	361	34	63	A	-7	-22
391036	学生35	88	91	49	36	14	55	25	358	35	66	A	1	11
391047	学生36	88	78	70	26	20	49	20	351	36	76	A	11	54
391026	学生37	88	77	65	44	18	35	19	346	37	78	A	-11	-38
391035	学生38	90	85	24	46	37	42	18	342	38	86	A	-3	-16
391043	学生39	90	75	51	42	20	47	17	342	39	87	A	4	24
391041	学生40	88	73	42	48	29	40	21	341	40	88	A	1	11
391045	学生41	86	89	33	34	29	44	25	340	41	90	A	4	30
391042	学生42	97	69	49	38	19	41	20	333	42	99	A	0	9
391028	学生43	88	59	40	41	12	56	35	331	43	103	A	-15	-61
391044	学生44	88	68	34	36	18	42	20	306	44	134	A	0	-16
391051	学生45	75	72	45	48	20	29	13	302	45	139	A	6	55
391048	学生46	69	84	41	26	13	50	18	301	46	140	A	2	23
391046	学生47	83	66	31	36	26	32	14	288	47	156	A	-1	-37
391050	学生48	84	61	29	38	17	43	14	286	48	166	A	2	7
391040	学生49	77	42	48	40	7	55	11	280	49	174	A	-9	-76
391049	学生50	73	30	54	34	21	33	9	254	50	197	A	-1	-33
391039	学生51	79	0	64	26	0	32	0	201	51	255	A	-12	-165
391052	学生52	40	23	29	14	16	18	6	146	52	334	A	0	-71

图 7-8　课程成绩管理与分析样例 2

实训 7-5　WPS 演示文稿制作

实践 1：制作“学校宣传”演示文稿

任务：使用 WPS 演示文稿制作一个宣传所在学校的演示文稿。

(1) 设计布局：使用 WPS 演示文稿的幻灯片母版功能，设计一个统一的布局和配色方案。可以使用学校的标志和主题颜色作为背景或元素。

（2）插入和编辑内容：在幻灯片中插入图片、形状和文本框，编辑学校的简介、专业特点、联系方式等内容。注意使用艺术字和自定义字体样式来增强视觉效果。

（3）添加动画效果：为关键元素添加适当的动画效果，如“飞入”“渐变”等，使演示文稿更加生动有趣。

要求：

（1）从学校官网、招生简章、新闻稿、学生活动照片、教学设施图片等资源中收集相关素材，演示文稿要有学校的标志和校训，并使用艺术字和自定义颜色。

（2）选择合适的配色方案、字体和布局风格。

（3）学校介绍和专业特点，使用图片和文本框展示，合理使用动画和切换效果，但不要过度使用，以免分散观众注意力。

（4）提供联系方式和社交媒体链接，使用按钮和图标。

（5）至少做 15 页幻灯片。

样例如图 7-9 所示。

图 7-9　“学校宣传”演示文稿样例（部分幻灯片）

实践 2：多图轮播效果设计

任务：通过演示文稿展示所在大学的各专业的特色、课程设置、就业前景等，利用多图轮播效果使展示更加生动有趣，帮助学生和家长更好地了解各专业的特点。

要求：

(1)插入至少 5 张与专业相关的图片。

(2)使用 WPS 演示文稿的“文本框”或“形状”功能，设计一个多图轮播效果，即其他同学可以通过单击或滑动来查看不同的图片。

(3)制作专业介绍页：每个专业一页，包含专业名称、专业代码、所属学科门类、学制、培养目标、课程设置、就业方向等信息。

(4)制作多图轮播页：用于展示各专业的相关图片，如校园环境、实验室、实践活动等。

(5)创建幻灯片母版用于放置多图轮播的图片。

(6)为多图轮播的图片设置动画效果，如“平滑切换”“淡入淡出”等。确保动画效果流畅，能够吸引观众的注意力。

(7)添加适当的装饰元素，如图标、线条、形状等，使页面更加美观和易读。

样例如图 7-10 所示。

机械工程专业
主要专业课程：机械制图、机械原理、机械设计、电工与电子技术等。
就业方向：在国家有关部门、科研院所、高等院校、企业、高新技术公司应用CAD及分析软件从事各种机电产品及机电自动控制系统及设备的研究、设计、制造，如：进行工业机器人、微机电系统、智能装置等高新技术产品与系统的设计、制造、开发、试验与研究工作。
电气工程及其自动化专业
主要专业课程：电路理论、电子技术、电力电子分析、自动控制原理等。
就业方向：毕业生主要面向电力行业就业，可从事电力设计、建设、调试、生产、运行、市场运营、科技开发等工作，也可从事其他行业中的电气技术工作。
通信工程专业
主要专业课程：电路理论与应用系列课程、计算机技术系列课程等。.
就业方向：在施工单位做技术和项目管理;各省电信工程局;各大通信科研院所;通信咨询和设计单位;各大运营商(移动、联通、电信)从事工程管理、设备和线路维护、技术支持等工作;各大通信设备企业(华为、中兴)从事工程管理、工程督导等工作。
计算机科学与技术专业
主要专业课程：程序设计基础、面向对象程序设计、数据结构等。
就业方向：一是纯技术路线：信息产业是朝阳产业，因为这个行业的特点是技术更新快，要求从业人员不断补充新知识，同时对从业人员的学习能力的要求也很高;二是有技术路线转型为管理，这种转型尤常见于计算机行业，很多从事这个行业的专业人才会由技术人才转型到管理类人才

图 7-10 多图轮播样例

实践 3：制作“专业详细介绍”演示文稿

做一个详细介绍本专业的演示文稿，该演示文稿需要涵盖本专业的历史、发展、

研究方向、领先技术等多个方面。可以插入讲座视频，整理并展示大量的图片、图表和数据。演示文稿应设计得既专业又吸引人，能够清晰地表达所在专业的核心内容和价值。

要求：

(1) 封面页：设计简洁、醒目，调整图片的大小和位置，保持页面整洁。

(2) 目录页：清晰列出各章节标题，使用超链接或动画效果增强导航功能。

(3) 内容页：采用一致的配色方案和字体风格，保持专业感。

(4) 图表与图片：使用图表展示数据，插入高质量图片增强视觉效果。

(5) 视频与音频：如有需要，可插入相关教学视频或行业专家访谈。

(6) 超链接：为相关网站、在线课程等添加超链接，方便观众进一步了解相关信息。

(7) 篇幅：不少于 15 页。

样例如图 7-11 所示。

计算机科学与技术专业介绍
2024-01-03
目录
· 专业概述
· 培养目标与要求
· 学科基础
· 专业知识与技能
· 就业方向与前景
· 专业挑战与机遇
专业特点与优势
计算机科学与技术专业具有很强的实践性和创新性，注重培养学生的实际操作能力和创新思维。
该专业具有广泛的就业前景，毕业生可以在IT企业、政府机构、科研院所等各个领域从事计算机系统设计、开发、维护和应用等方面的工作。
随着信息化时代的到来，计算机科学与技术专业在各个领域的应用越来越广泛，对于推动社会进步和经济发展具有重要意义。
培养要求
掌握计算机科学与技术的基本理论、基本知识和基本技能，包括计算机组成原理、操作系统、数据结构与算法、数据库原理及应用等。
02
01
03
04
具备良好的科学素养、团队协作精神、创新思维和实践能力。
熟悉计算机网络、信息安全、人工智能等领域的基本原理和技术。
核心课程
数据结构与算法
研究数据的逻辑结构和物理结构，以及相关的算法设计和分析方法。
数据库原理及应用
研究数据库系统的基本原理和设计方法，以及数据库应用开发技术。
计算机组成原理
介绍计算机系统的基本组成和工作原理，包括CPU、内存、输入输出设备等。
操作系统
介绍操作系统的基本原理和功能，包括进程管理、内存管理、文件系统等。
计算机网络
介绍计算机网络的基本原理和协议，以及网络安全和网络应用开发技术。
行业发展趋势
云计算的普及
云计算技术的不断发展将为计算机科学与技术专业人才提供更多就业机会。
人工智能的崛起
随着人工智能技术的不断进步，将需要更多的计算机科学与技术专业人才来推动其发展。
大数据的广泛应用
大数据技术的应用将为计算机科学与技术专业人才提供更多的数据处理和分析方面的就业机会。

图 7-11　专业详细介绍样例